生命线工程震害图集

郭恩栋　苗崇刚　编著

地震出版社

图书在版编目（CIP）数据

生命线工程震害图集 / 郭恩栋，苗崇刚编著 .—北京：
地震出版社，2014.6
ISBN 978-7-5028-4428-8

Ⅰ.①生… Ⅱ.①郭… ②苗… Ⅲ.①工程地震—图集
Ⅳ.① P315.9-64

中国版本图书馆 CIP 数据核字 (2014) 第 085222 号

地震版 XM3197

生命线工程震害图集
郭恩栋　苗崇刚　编著
责任编辑：刘晶海
责任校对：庞亚萍

出版发行：地 震 出 版 社
北京民族学院南路 9 号　邮编：100081
发行部：68423031 68467993　传真：88421706
门市部：68467991　传真：68467991
总编室：68462709 68423029　传真：68455221
专业部：68467982 68721991
http://www.dzpress.com.cn
经销：全国各地新华书店
印刷：北京地大天成印务有限公司

版（印）次：2014 年 6 月第一版　2014 年 6 月第一次印刷
开本：889 × 1194　1/16
字数：610 千字
印张：23.5
印数：0001~1000
书号：ISBN 978-7-5028-4428-8/P（5118）
定价：280.00 元

《生命线工程震害图集》编委会

《生命线工程震害图集》编写单位

中国地震局工程力学研究所

宁波工程学院

黑龙江省水利水电勘测设计研究院

中国地震局地球物理研究所

四川省交通运输厅公路规划勘察设计研究院

新疆维吾尔自治区地震局

云南省地震局

前　言

强烈地震造成大量的人员伤亡和财产损失，同时导致供电、供水、交通、燃气、通信和水利等生命线工程设施、系统大范围功能下降或瘫痪，严重影响灾区居民的生产、生活和灾后重建。

生命线工程设施的地震破坏，主要是由地震直接作用、建（构）筑物倒塌和地震地质灾害（如山体滑坡、崩塌、滚石以及泥石流等）等造成的。自 1971 年美国圣费尔南多地震以来，生命线地震工程学研究取得了重大进展，生命线工程设施、系统的地震破坏现象、特征、机理及易损性研究是生命线工程抗震研究的重要基础性工作。汶川等地震后进行的科学考察工作，为系统展现生命线工程震害现象并编撰本图集取得了大量新的基础资料。

本图集以汶川地震生命线工程震害为主，兼顾其他地震，精选了 603 幅照片（含汶川地震 567 幅，玉树地震 18 幅，土耳其伊兹米特地震 5 幅，丽江地震 6 幅，昆仑山口西地震 6 幅，于田—策勒地震 1 幅），给出了生命线工程震害发生的地点、地震烈度（工程场址或设施设备所在地的地震烈度）、破坏等级和震害现象描述，可供地震现场工作参考，亦可促进防震减灾科技人员深化认识生命线工程震害特点和规律性，进一步完善生命线工程防震减灾技术。同时，图集也有助于警示人们关注防震减灾事业，宣传防震减灾知识。

全书共含六章：第一章为供电系统，主要汇集了变电站（变压器、高压电气设备和控制系统等）、供电线路（输电塔、电线杆和配变）和发电厂（站）的震害；第二章为供水系统，主要汇集了供水系统土建设施和供水管网（主干管道、庭院管道和其他设施）的震害；第三章为交通系统，主要汇集了公路、铁路、隧道和桥梁工程的震害；第四章为燃气系统，主要展示了燃气管道（室内管道、庭院管道、输配干管和长输管线）、燃气设施（调压设施、阀门和气表等）、门站（配气站等）的震害；第五章为通信系统，主要展示了通信基站建筑物、通信设备（通信设备、蓄电池组）、通信铁塔、传输光缆和通信杆路等震害；第六章为水利工程，主要展示了水库大坝的震害。

本图集的初稿由郭恩栋、王祥建、胡少卿、林均岐、刘如山、景立平、马洪生、刘爱文、李永强、刘智、高霖、洪广磊、张丽娜、王再荣、张美晶等完成，其他编委参加了图集初稿修改、补充及完善工作。图集中所采用的照片除编委成员拍摄者外系地震灾区相关政府部门和企、事业单位提供，图集的编制得到中国地震局震灾应急救援司和工程力学研究所的支持，由国家国际科技合作项目“中国地震灾害损失评估系统建设技术研究（编号：2011DFA71100）”资助出版，在此表示衷心的感谢。

由于编著人员水平所限，书中难免存在不足之处，敬请批评指正。

编　者

2014 年 1 月 25 日

目 录

Contents

第1章 供电系统

电力系统包括发电厂—变电站—配电站—输电线路—用户设施等，其中各类设施的地震破坏都将影响系统功能。

供电系统设施设备的震害表明：①高压电气设备中，变压器的主要破坏现象为重瓦斯保护跳闸、本体漏油、套管断裂及漏油；底部固定螺栓错断、本体移位、主变倾覆。断路器、隔离开关、电流互感器、电压互感器、避雷器等高耸瓷器件的破坏现象多表现为喷油、炸裂、底部或中部折断、倾倒等。母线因绝缘子毁坏而断开。有些设备可能因相邻的高耸设备倒塌而被拉坏或砸坏。导线松动有时也会导致设备的短路或烧毁。②输电线路可能因地震地质灾害（如滑坡、滚石等）发生破坏如输电杆塔堡坎受损、杆塔本体被砸坏、变形、倾斜、倾倒，进而拉断电线。居民区配电线路的破坏往往系附近建筑物受损倒塌所致。室内设备的破坏多为倾倒或被房屋倒塌砸坏。③建在易发生地质灾害区域的小型发电站，有遭受山体滑坡等地震地质灾害影响的危险。

本章将供电系统设施设备的破坏划分为二级或三级（瓷质构件），发电厂和变电站的破坏根据《生命线工程地震破坏等级划分（GB/T 24336—2009）》划分为五级：

（1）高压电气设备的瓷质构件易发生脆性破坏，破坏划分为两级：基本完好和毁坏。

（2）根据变压器、控制设备等高压电器设备的破坏程度及修复难易程度，将破坏划分为三个等级：基本完好、中等破坏和毁坏。

（3）根据输电塔（杆）、配变等破坏程度、对供电功能的影响度和修复难易程度，将输电塔（杆）和配变破坏划分为三个等级：基本完好，中等破坏和毁坏。

（4）发电厂和变电站以“座”为单位评定破坏等级，根据发电厂或变电站的建（构）筑物和设施设备的破坏程度、恢复发电或供电功能的难易程度，将发电厂或变电站的破坏划分为五个等级：基本完好、轻微破坏、中等破坏、严重破坏和毁坏。

本章选编震害照片65幅，其中：变压器震害10幅（汶川地震），高压电气设备震害19幅（汶川地震），控制系统震害5幅（汶川地震），变电站震害全貌3幅（汶川地震）；输电塔震害10幅（汶川地震8幅，玉树地震1幅，土耳其伊兹米特地震1幅），电线杆震害9幅（汶川地震7幅，玉树地震1幅，丽江地震1幅），配变震害3幅（汶川地震），发电厂震害6幅（汶川地震5幅，玉树地震1幅）。

1.1 变电站

1.1.1 变压器

照片 1-001 绵阳安县，110kV 花荄站（地震烈度Ⅶ度），
$\mathrm{I}^{\#}$主变压器移位，震害等级为基本完好（汶川地震）

照片 1-002 广元利州区，220kV 袁家坝站（地震烈度Ⅷ度），
$\mathrm{I}^{\#}$主变压器移位、滑轮脱轨、固定件损坏，震害等级为中等破坏（汶川地震）

照片 1-003　都江堰市，110kV 灌县站（地震烈度Ⅸ度），
Ⅱ#主变压器严重倾斜、连线拉断，震害等级为中等破坏（汶川地震）

照片 1-004　广元青川县，110kV 竹园站（地震烈度Ⅷ度），
Ⅰ#主变压器移位、漏油，震害等级为中等破坏（汶川地震）

照片 1-005　绵阳安县永安镇，110kV 辕门坝站（地震烈度Ⅸ度），
Ⅱ#主变压器漏油，震害等级为中等破坏（汶川地震）

照片 1-006　德阳绵竹市，110kV 汉旺站（地震烈度Ⅹ度），
Ⅱ#主变压器严重移位、漏油、连线拉断，震害等级为中等破坏（汶川地震）

照片 1-007 广元利州区，110kV 三堆站（地震烈度Ⅷ度），
Ⅰ#主变压器本体位移 6cm、渗油，震害等级为中等破坏（汶川地震）

照片 1-008 绵阳安县，35kV 秀水站（地震烈度Ⅷ度），
Ⅰ#主变压器严重漏油，震害等级为毁坏（汶川地震）

照片 1-009　绵阳北川县，110kV 启明星站（地震烈度Ⅺ度），
Ⅱ#主变压器严重偏移漏油、并被堰塞湖洪水浸泡，震害等级为毁坏（汶川地震）

照片 1-010　阿坝州汶川县漩口镇，阿坝铝厂（地震烈度Ⅹ度），220kV 有载调压变压器
严重移位、从导轨上掉落、导轨破坏、导轮折断，震害等级为毁坏（汶川地震）

1.1.2 高压电气设备

1.1.2.1 避雷器

照片 1-011 绵阳安县，110kV 辕门坝站（地震烈度Ⅸ度），
避雷器断裂掉落，震害等级为毁坏（汶川地震）

照片 1-012 德阳什邡市，110kV 万春站（地震烈度Ⅸ度），
Ⅰ#主变压器 35kV 侧避雷器根部断裂，震害等级为毁坏（汶川地震）

照片 1-013　绵阳安县，220kV 安县站（地震烈度Ⅸ度），
避雷器折断掉落，震害等级为毁坏（汶川地震）

1.1.2.2 套管

照片 1-014 德阳广汉市，220kV 古城站（地震烈度Ⅵ度），
Ⅰ#主变压器高压 C 相套管移位，震害等级为毁坏（汶川地震）

照片 1-015 绵阳市，110kV 南塔站（地震烈度Ⅶ度），
Ⅱ#主变压器 110kV 侧 B 相套管瓷套移位、漏油，震害等级为毁坏（汶川地震）

照片 1-016 德阳什邡市，110kV 万春站（地震烈度Ⅸ度），
Ⅰ#主变压器套管损坏，震害等级为毁坏（汶川地震）

1.1.2.3 刀闸、隔离开关或断路器

照片 1-017 德阳什邡市，220kV 云西站（地震烈度Ⅷ度），
110kV 侧 1011#刀闸断裂，震害等级为毁坏（汶川地震）

照片 1-018　广元青川县，110kV 沐浴站（地震烈度Ⅸ度），
隔离开关根部断裂倾倒，震害等级为毁坏（汶川地震）

照片 1-019　绵阳安县，110kV 辕门坝站（地震烈度Ⅸ度），
Y 型断路器底部断裂掉落，震害等级为毁坏（汶川地震）

1.1.2.4 电流、电压互感器（CT、PT）

照片 1-020 德阳中江县，220kV 南华站（地震烈度Ⅶ度），Ⅱ段母线 PT 根部折断、倾倒起火，震害等级为毁坏（汶川地震）

照片 1-021 广元剑阁县，110kV 沙溪坝站（地震烈度Ⅷ度），110kV 母联 C 相 CT 严重漏油，震害等级为毁坏（汶川地震）

照片 1–022　绵阳安县，110kV 辕门坝站（地震烈度Ⅸ度），电流互感器底部断裂、倾斜，震害等级为毁坏（汶川地震）

照片 1–023　绵阳北川县，110kV 启明星站（地震烈度Ⅺ度），电流互感器根部折断，震害等级为毁坏（汶川地震）

1.1.2.5 电容器、电抗器

照片 1-024 德阳广汉市，110kV 三星堆站（地震烈度Ⅵ度），
10kV 电容三路电抗器烧毁，震害等级为毁坏（汶川地震）

照片 1-025 德阳罗江县，35kV 鄢家站（地震烈度Ⅶ度），
耦合电容器瓷柱底部断裂，震害等级为毁坏（汶川地震）

照片 1-026　成都崇州市，500kV 蜀州站（地震烈度Ⅷ度），
35kV Ⅰ-2 号电容器串联电抗器支柱瓷瓶损坏，震害等级为毁坏（汶川地震）

1.1.2.6　导线支撑瓷柱（瓶）

照片 1-027　德阳市，110kV 风光站（地震烈度Ⅶ度），
110kV 孟风北 124#间隔处 110kV 母线支撑瓷瓶破坏，震害等级为毁坏（汶川地震）

照片 1-028 绵阳安县，110kV 雎水站（地震烈度Ⅷ度），
35kV 侧 Ⅰ 段过桥母线支柱瓷瓶损坏，震害等级为毁坏（汶川地震）

照片 1-029 德阳什邡市，110kV 穿心店站（地震烈度Ⅹ度），
Ⅰ#主变 10kV 母线桥、支柱瓷瓶垮塌，震害等级为毁坏（汶川地震）

1.1.3 控制系统

照片 1-030 德阳什邡市，110kV 穿心店站（地震烈度Ⅹ度），10kV 高压开关柜移位，震害等级为基本完好（汶川地震）

照片 1-031 德阳什邡市，110kV 穿心店站（地震烈度Ⅹ度），
Ⅰ#主变压器的有载开关控制电缆受损，震害等级为基本完好（汶川地震）

照片 1-032 德阳市，35kV 白莲站（地震烈度Ⅶ度），
10kV 电容器漏油，震害等级为中等破坏（汶川地震）

照片 1-033　德阳什邡市，110kV 万春站（地震烈度Ⅸ度），
直流屏倒塌、直流短路、蓄电池及连接线全部损坏，震害等级为毁坏（汶川地震）

照片 1-034　绵阳安县，110kV 辕门坝站（地震烈度Ⅸ度），
6kV 高压开关柜在地震中损坏，震害等级为毁坏（汶川地震）

1.1.4 变电站

照片 1-035 德阳绵竹市，35kV 遵道站（地震烈度Ⅸ度），变电设施设备在地震中损坏，震害等级为毁坏（汶川地震）

照片 1-036 绵阳安县，220kV 安县站（地震烈度Ⅸ度），变电设施设备大部分毁坏、主控室等建构筑物倒塌，震害等级为毁坏（汶川地震）

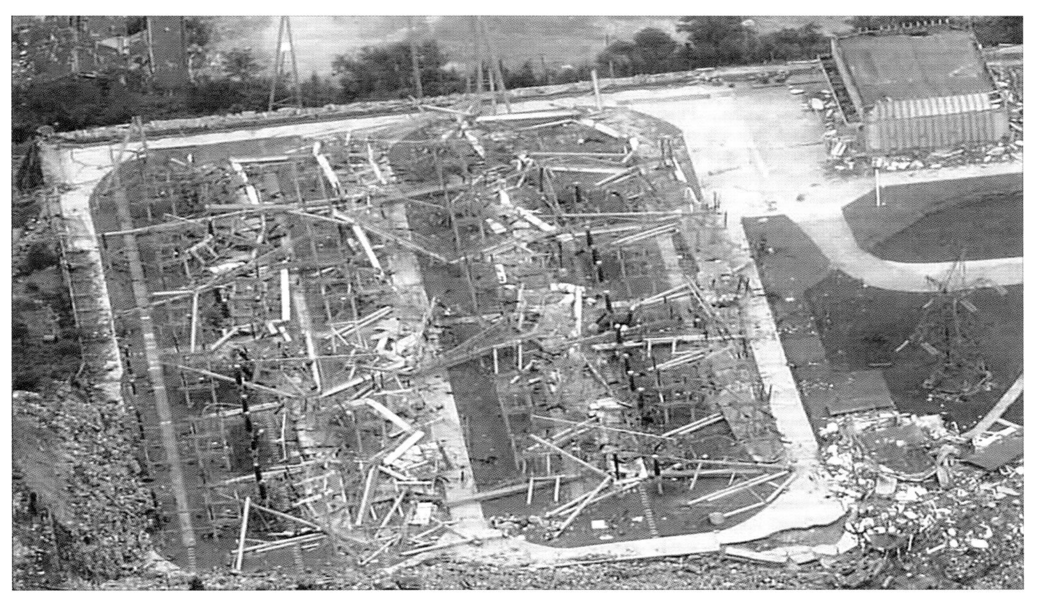

照片 1-037 阿坝汶川县，220kV 二台山开关站（地震烈度XI度），变电设施设备全部毁坏，震害等级为毁坏（汶川地震）

1.2 线路

1.2.1 输电塔

照片 1-038 成都电业局，500kV 紫景 3#塔底部斜支持变形，震害等级为基本完好（汶川地震）

照片 1-039 成都电业局，500kV 紫景 4#塔保坎破坏，
震害等级为基本完好（汶川地震）

照片 1-040 土耳其格尔尼克镇（地震烈度Ⅸ度），高耸钢结构高压输电塔架斜支撑钢杆弯曲，
震害等级为中等破坏（土耳其伊兹米特地震）

照片 1-041 成都电业局，110kV 淮金铁支线 15#塔塔基毁坏、输电塔倾斜，震害等级为中等破坏（汶川地震）

照片 1-042　德阳什邡市，36#输电塔主杆件一段到二段微弯曲、部分侧面交叉杆件拱出，震害等级为中等破坏（汶川地震）

照片 1-043 德阳什邡市，110kV 万穿线 29#输电塔 C 腿一至二段、D 腿二段以上主杆件弯曲、C 与 D 腿一段水平杆件、二段交叉杆件弯曲、A 腿下沉 20cm、C 腿下沉 38cm、D 腿下沉 50cm，震害等级为中等破坏（汶川地震）

照片 1-044 成都电业局，源山北线 45#输电塔折断倒塌，震害等级为毁坏（汶川地震）

照片 1-045 成都电业局，220kV 二台山开关站进线端输电塔（远端）严重倾斜，震害等级为毁坏（汶川地震）

照片 1-046 绵阳市，500kV 茂谭一二线和 220kV 茂永线输电塔因地震引起山体滑坡导致倒塌散架，震害等级为毁坏（汶川地震）

照片 1-047　青海玉树结古镇至机场，30kV 线路铁塔受滑坡影响而倒塌，震害等级为毁坏（玉树地震）

1.2.2　电线杆

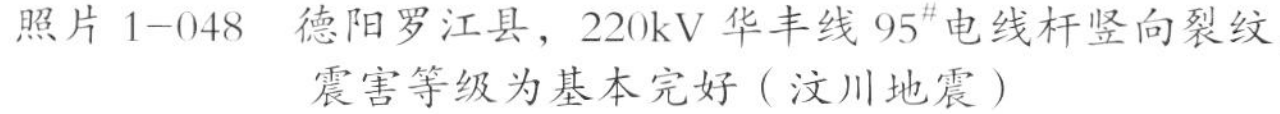

照片 1-048　德阳罗江县，220kV 华丰线 95#电线杆竖向裂纹，震害等级为基本完好（汶川地震）

照片 1-049 广元 110kV 袁轮线，21#杆的基础保坎裂纹垮塌，震害等级为基本完好（汶川地震）

照片 1-050 广元 35kV 沐沙线，12#电线杆的地基有较大裂缝、地基沉降、电杆倾斜，震害等级为中等破坏（汶川地震）

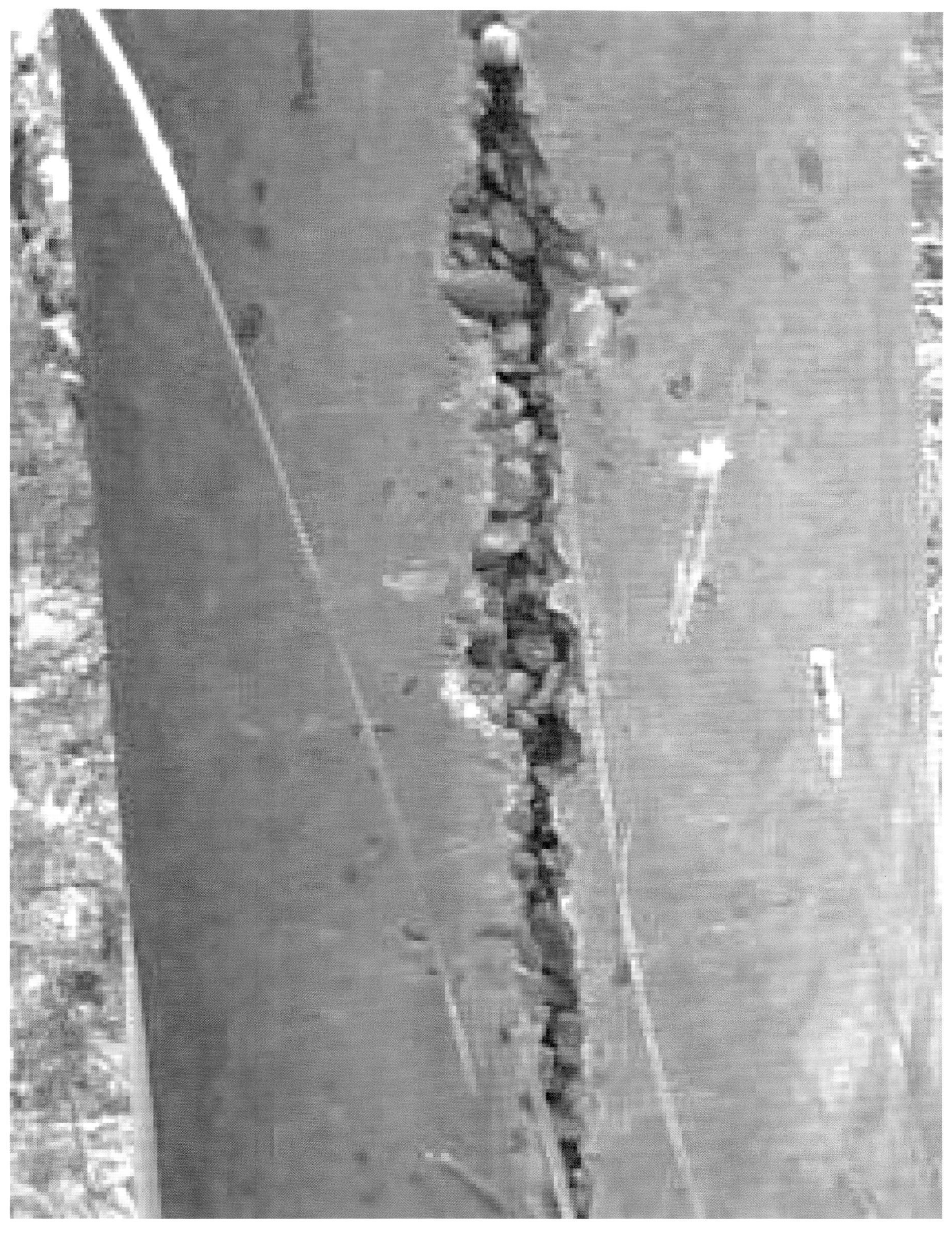

照片 1-051 绵阳盐亭县，混凝土电线杆竖向裂缝，
震害等级为中等破坏（汶川地震）

照片 1-052　大研镇北玉河村（地震烈度Ⅸ度），钢筋混凝土圆筒截面电线杆从中间折断，震害等级为毁坏（丽江地震）

照片 1-053　绵阳安县，35kV 擂城线 79#电线杆被地震引起的山体滑坡滚石砸断，震害等级为毁坏（汶川地震）

照片 1-054 广元青川县，小北街路 4#电杆折断，
震害等级为毁坏（汶川地震）

照片 1-055 绵阳江油市，混凝土实心工字形电线杆（农网）根部折断倒杆，
震害等级为毁坏（汶川地震）

照片 1-056 青海玉树结古镇，10kV 水泥输电杆受滑坡影响而倒塌、折断，震害等级为毁坏（玉树地震）

1.2.3 配变

照片 1-057 绵阳安县，10kV 城东线 4#杆公变（安昌邮电局公变）支座毁坏，震害等级为中等破坏（汶川地震）

照片 1-058　广元青川县，10kV 乔城一线的秦兴街配变与支架脱离倾斜，震害等级为中等破坏（汶川地震）

照片 1-059　德阳罗江县，罗江配网 10kV 景乐路支线 37#配变垮塌毁坏，震害等级为毁坏（汶川地震）

1.3 发电厂（站）

照片 1-060 禅古电站发电厂，厂房内部墙体开裂、发电机组基本完好，震害等级为基本完好（玉树地震）

照片 1-061 绵阳安县，斑竹园电站，3#主变压器倾斜、10kV 侧高压套管变形，震害等级为中等破坏（汶川地震）

照片 1-062 绵阳安县，柿子园电站，I#主变散热管损坏1处，震害等级为中等破坏（汶川地震）

照片 1-063 德阳绵竹市，绵竹电力股份有限公司红松一级电站，发电设施设备因建筑物倒塌被砸坏，震害等级为毁坏（汶川地震）

照片 1-064　德阳绵竹市，绵竹电力股份有限公司金鱼嘴电站，发电设施设备因建筑物倒塌而毁坏，震害等级为毁坏（汶川地震）

照片 1-065　德阳绵竹市，绵竹电力股份有限公司小岗剑电厂，电厂被山体滑坡掩埋，震害等级为毁坏（汶川地震）

第2章 供水系统

供水系统由水源—水处理厂—泵房—输水管线—用户设施等组成，系统中的井房、泵房、水池及水处理池等土建设施、输水管线及供水设备等对于地震都是易损的。

供水系统的震害主要包括建(构)筑物震害和供水管网震害两部分。其中供水管网震害尤为普遍，大量的震害经验表明：供水管网震害主要因地震地质灾害(断层错动、砂土液化、滑坡和地表塌陷等)、地面运动和建(构)筑物等倒塌或坠落所致。汶川地震中，地下水泥管、钢管、铸铁管及玻璃钢管，多因场地变形或地面运动破坏，庭院管道中PVC管、PE管等大部分是被倒塌的建筑物或坠落物砸坏。

供水管道的主要破坏形式为：管道接口破坏(如承插式接口插头脱出或承口破坏，钢管焊缝开裂，法兰螺栓松动或断裂等)，管体破坏(管体裂缝，折断等)和连接破坏(三通接头、阀门、管道天地连接处及管道与建构筑物连接处的破坏)等三种基本类型。

根据《建(构)筑物地震破坏等级划分(GB/T 24335—2009)》，将供水系统的泵房、井房及水池等土建设施的破坏划分为五个等级：基本完好、轻微破坏、中等破坏、严重破坏和毁坏。供水管道震害是具体部位的破坏和渗漏，故《生命线工程地震破坏等级划分(GB/T 24336-2009)》中对一定区域的管网以破坏率为量化标准的破坏等级未应用于本图集，其他供水设施的破坏等级划分与供水管道相同。

本章共选编震害照片52幅，其中：土建设施震害17幅(汶川地震14幅，玉树地震1幅，丽江地震1幅，新疆于田—策勒地震1幅)；供水主干管道震害26幅(汶川地震24幅，土耳其伊兹米特地震1幅，丽江地震1幅)，庭院管道震害4幅(汶川地震)，供水设施震害5幅(汶川地震4幅，玉树地震1幅)。

2.1 土建设施

照片 2-001 绵阳三台县（地震烈度Ⅵ度），二水厂 3# 井房窗角裂缝，震害等级为轻微破坏（汶川地震）

照片 2-002 广元青川县（地震烈度Ⅸ度），水厂配电房（砖混结构）墙体裂缝，震害等级为轻微破坏（汶川地震）

照片 2-003　绵阳市三台县（地震烈度Ⅵ度），一水厂 2#滤池底部出现斜向裂缝、轻微漏水、池内斜管严重变形并移位，震害等级为中等破坏（汶川地震）

照片 2-004　绵阳江油市（地震烈度Ⅷ度），城南水厂厂房墙体出现裂缝，震害等级为中等破坏（汶川地震）

照片2-005　丽江地区医院（地震烈度Ⅷ度），方形砖筒水塔下层砖筒出现裂缝、水塔整体向一侧轻微倾斜变位，震害等级为中等破坏（丽江地震）

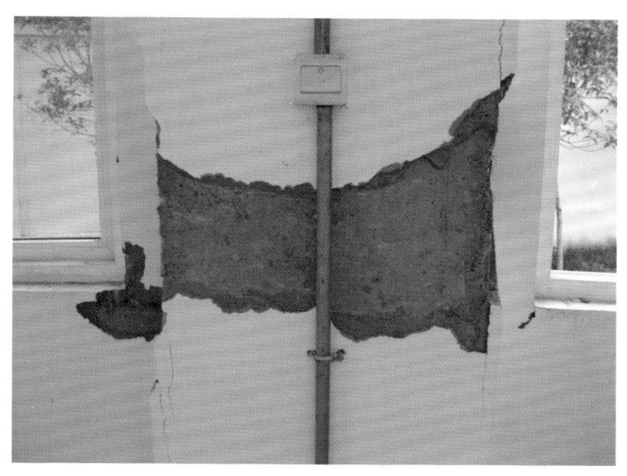

照片 2-006

照片 2-007

照片 2-008　照片 2-006 至照片 2-008　广元剑阁县新城区（地震烈度Ⅷ度），水厂取水房（单层圆形框架结构），柱抹灰层脱落、梁柱连接处裂缝，震害等级为中等破坏（汶川地震）

照片 2-009　广元元坝区（地震烈度Ⅶ度），水厂反应池内格错位、表面混凝土被挤碎并拱起、池内斜管震坏、渠道有裂缝，震害等级为中等破坏（汶川地震）

照片 2-010　青海玉树结古镇（地震烈度Ⅸ度），高位 500m^3 蓄水池顶板均出现了较大裂缝、严重渗水，震害等级为严重破坏（玉树地震）

照片 2-011　于田县（地震烈度Ⅶ度），清水池池壁出现竖向裂缝，震害等级为严重破坏（新疆于田—策勒地震）

照片 2-012　成都市（地震烈度Ⅵ度），进水泵房西侧墙体出现裂缝，震害等级为严重破坏（汶川地震）

照片 2-013　绵阳三台县（地震烈度Ⅵ度），一水厂大口井墙壁出现贯通裂缝，震害等级为严重破坏（汶川地震）

照片 2-014 至照片 2-015　绵阳梓潼县（地震烈度Ⅶ度），马溜坝取水泵房严重受损、墙体拉裂、机泵电器不同程度受损、泵房护坡滑坡、道路基石垮塌，震害等级为严重破坏（汶川地震）

照片 2-016 绵阳江油市（地震烈度Ⅷ度），一水厂沉淀池受震断裂（江油市一水厂建于20世纪70年代，震后报废），震害等级为严重破坏（汶川地震）

照片 2-017 江油市旗山镇（地震烈度Ⅷ度），某供水站清水池盖板大面积塌落、顶盖板砸坏底板，底板裂缝严重，蓄水几乎漏尽，震害等级为毁坏（汶川地震）

2.2 供水管网

2.2.1 主干管道

照片 2-018 绵阳市（地震烈度Ⅶ度），科委立交桥 DN800 水泥管承插接口未破坏，震害等级为完好（汶川地震）

照片 2-019 成都市（地震烈度Ⅵ度），DN1400 塔子山过河铸铁管焊接缝开裂漏水，震害等级为破坏（汶川地震）

照片 2-020　绵阳市（地震烈度Ⅶ度），临园路中段 DN500 铸铁管承插接口漏水，震害等级为破坏（汶川地震）

照片 2-021　德阳市（地震烈度Ⅶ度），铸铁主管道焊接接口产生横向裂缝而漏水，震害等级为破坏（汶川地震）

照片 2–022　绵阳市（地震烈度Ⅶ度），三江半岛 DN100 钢管接口松动、漏水，震害等级为破坏（汶川地震）

照片 2–023　绵阳市（地震烈度Ⅶ度），游仙区东津路 DN300 铸铁管伸缩器漏水，震害等级为破坏（汶川地震）

照片 2–024 广元利州区（地震烈度Ⅶ度），铸铁主管道法兰连接松动、漏水，震害等级为破坏（汶川地震）

照片 2–025 德阳中江县（地震烈度Ⅶ度），混凝土主管道承插接口破坏，震害等级为破坏（汶川地震）

照片 2-026 德阳中江县（地震烈度Ⅶ度），混凝土主管道承插接口破裂、漏水，震害等级为破坏（汶川地震）

照片 2-027 绵阳市（地震烈度Ⅶ度），绵州酒店处 DN600 水泥管三通损坏，震害等级为破坏（汶川地震）

照片 2-028 绵阳市（地震烈度Ⅶ度），三汇桥市场 DN300 铸铁管道断裂，震害等级为破坏（汶川地震）

照片 2-029 广元利州区（地震烈度Ⅶ度），主管道的阀门破损，震害等级为破坏（汶川地震）

照片 2-030　绵阳市（地震烈度Ⅶ度），剑门路 DN300 铸铁管承插接口开裂漏水，震害等级为破坏（汶川地震）

照片 2-031　德阳绵竹市（地震烈度Ⅸ度），铸铁管主管道爆管漏水，震害等级为破坏（汶川地震）

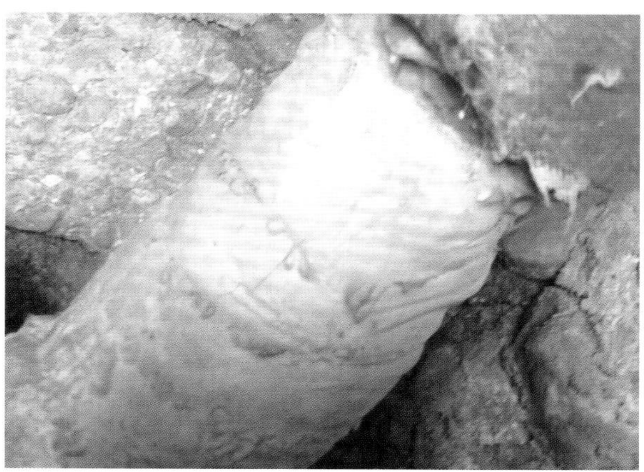

照片 2-032 至照片 2-033　绵阳市安县两镇一区（地震烈度Ⅸ度），温泉井至开发区宾馆管道（玻璃钢 Φ150 管线）断裂，震害等级为破坏（汶川地震）

照片 2-034　绵阳市（地震烈度Ⅶ度），圆通路 DE110 PE 管爆管 2 处，震害等级为破坏（汶川地震）

照片 2-035 绵阳市（地震烈度Ⅶ度），迎宾大道 DE300 PE 管接口断裂，震害等级为破坏（汶川地震）

照片 2-036 广元元坝区（地震烈度Ⅶ度），长输水泥管道横向裂缝、喷水，震害等级为破坏（汶川地震）

照片 2-037 至照片 2-038　广元元坝区（地震烈度Ⅶ度），长输水泥管道承插接口开裂，震害等级为破坏（汶川地震）

照片 2-039　绵阳市（地震烈度Ⅶ度），安昌桥过桥 DN600 钢管伸缩器断裂，震害等级为破坏（汶川地震）

照片 2-040　绵阳市（地震烈度Ⅶ度），涪城路 DN250 铸铁管套管破裂，震害等级为破坏（汶川地震）

照片 2-041　绵阳市（地震烈度Ⅶ度），圣水村 DN100 铸铁管套管破裂，震害等级为破坏（汶川地震）

照片 2-042　云南丽江县（地震烈度Ⅸ度），供水厂外 DN400 铸铁管道破裂、折断，震害等级为破坏（丽江地震）

照片 2-043　土耳其萨潘贾湖以东、阿勒非耶村西南（地震烈度Ⅸ度），混凝土排水管承插对接的两段 DN600 涵管发生大的水平和竖向变位（水平断错约 2m，系由该地发震断层影响造成），震害等级为破坏（伊兹米特地震）

2.2.2 庭院管道

照片 2-044 绵阳市三台县（地震烈度Ⅵ度），庭院 PVC 管爆管喷水，震害等级为破坏（汶川地震）

照片 2-045 绵阳江油市（地震烈度Ⅷ度），进户铸铁管断裂，震害等级为破坏（汶川地震）

照片 2-046 绵阳市三台县（地震烈度Ⅵ度），庭院管道天地连接处的 PVC 管爆管喷水，震害等级为破坏（汶川地震）

照片 2-047 德阳绵竹市（地震烈度Ⅸ度），庭院管道 PVC 管天地连接处断裂，震害等级为破坏（汶川地震）

2.2.3 其他设施

照片 2-048 成都市（地震烈度Ⅵ度），DN1600 输水管线上空气阀门破损、大量漏水，震害等级为破坏（汶川地震）

照片 2-049 绵阳市（地震烈度Ⅶ度），跃进北路 DN200 铸铁管阀门井法兰连接错位、漏水，震害等级为破坏（汶川地震）

照片 2-050　德阳绵竹市（地震烈度Ⅸ度），铸铁主管道阀门破坏，震害等级为破坏（汶川地震）

照片 2-051　德阳绵竹市（地震烈度Ⅸ度），主管道上的四通及连接管件破坏漏水，震害等级为破坏（汶川地震）

照片 2-052　青海玉树结古镇（地震烈度Ⅸ度），2#取水井水泵毁坏，震害等级为破坏（玉树地震）

第3章 交通系统

交通系统包括公路、铁路、水运、航空等运输系统，其中公路交通系统由公路道路、桥梁和隧道等组成，铁路交通系统由铁路轨道线路、铁路桥梁和铁路隧道等组成。公路和铁路交通系统中的桥梁、隧道、道路、轨道等设施的地震破坏是导致交通不畅或中断的主要原因。

本图集收集的交通系统震害图片主要汇集公路、铁路、隧道和桥梁四类工程的震害。这四类工程结构的震害主要源于地震时地面运动和地震地质灾害（如滑坡、崩塌、滚石等）。

公路道路主要包括路基和挡土墙两类结构。路基的震害有：沉陷、开裂、坍塌、错台、挤压及隆起、整体滑移等；滑坡、山体崩塌或滚石也会掩埋、砸坏、摧毁路基路面或阻截道路。挡土墙的震害有：墙体垮塌、墙身剪断、整体倾斜、墙体变形开裂；滑坡、山体崩塌或滚石也会掩埋或砸坏挡土墙。

隧道的震害有：隧道顶部衬砌开裂、错台、混凝土剥落、掉块、施工缝开裂、渗水、垮塌和隧道垮塌；隧道底部路面开裂、仰拱隆起、仰拱错台、路面渗水；洞外仰坡崩塌、护坡开裂；边坡滑坡、山体崩塌、滚石等砸坏端墙、堵塞洞口、明洞洞顶被落石砸坏或砸穿等。

桥梁的震害有：因地震动导致全桥垮塌；梁式桥主梁移位、开裂、落梁，支座移位、变形，桥墩倾斜、沉降、剪断和压溃，挡块破坏等；拱桥主拱圈受损，横向连接系受损，拱上结构受损等；滑坡、山体崩塌砸坏或掩埋桥梁，泥石流冲毁桥梁，堰塞湖淹没桥梁，以及砂土液化和岸坡滑移等造成桥梁破坏或倒塌。

根据《生命线工程地震破坏等级划分（GT/T 24336—2009）》，将公路、铁路、隧道和桥梁的地震破坏等级划分为五个等级：基本完好、轻微破坏、中等破坏、严重破坏和毁坏。

本章共选编震害照片320幅，其中：公路震害49幅（汶川地震42幅，玉树地震1幅，土耳其伊兹米特地震1幅，丽江地震2幅，昆仑山口西地震3幅），铁路震害12幅（汶川地震），隧道震害31幅（汶川地震29幅，昆仑山口西地震2幅），桥梁震害228幅（汶川地震218幅，玉树地震8幅，土耳其伊兹米特地震2幅）。

3.1 公路

照片 3-001 至照片 3-002　白水河旁公路，沥青混凝土路面。路基靠白水河一侧向下滑动，造成路面开裂；重力边坡开裂、滑落，震害等级为中等破坏（丽江地震）

照片 3-003　青藏公路（109 国道）K2894km 处（地震烈度Ⅸ度），路宽 6m，双车道，砂石路基，沥青混凝土路面。断层地表破裂带在此处自西向东几乎垂直穿过公路，在路面上形成 5 道横向裂缝。裂缝宽 1~20cm 不等。震害等级为中等破坏（昆仑山口西地震）

照片 3-004 青藏公路（109 国道）K2938km 处（地震烈度Ⅷ度），路宽 6m，双车道，砂石路基，沥青混凝土路面，此处路基为新修复，高 4.5~5m，坡度较陡，约为 60° ~70° 。一侧路肩向下滑移，沿行车方向形成纵向裂缝，宽约 20~30cm，竖向下沉 10cm 左右。此类裂缝从 2938km 处一直断续延伸至 2940km 处。路边防护杆歪斜不齐。震害等级为中等破坏（昆仑山口西地震）

照片 3-005 万阿路（地震烈度Ⅷ度），位于江油市境内，属于省道。部分路堤出现破坏，滑落。震害等级为中等破坏（汶川地震）

照片 3-006 中雁路（地震烈度Ⅷ度），位于江油市境内，属于县道。路面中央出现明显裂缝，部分路段路基发生沉陷，崩塌落石滚至路边。震害等级为中等破坏（汶川地震）

照片 3-007　安县晓沸路 K8+000（地震烈度Ⅸ度），安县晓坝镇至沸水镇路段，为县际间公路，建于 2006 年。路面出现沉陷，虽可通行，但需谨慎行车。震害等级为中等破坏（汶川地震）

照片 3-008　彭州－九尺公路（地震烈度Ⅷ度），为一级公路。部分路面出现一定程度的下沉，有明显的裂缝。震害等级为中等破坏（汶川地震）

照片 3-009 青藏公路（109 国道）K2894km 处公路涵洞（地震烈度Ⅸ度），混凝土洞壁，钢筋混凝土顶板，高、宽均约 80cm。此处为断层地表破裂带，顶板局部脱落，带动路基向下滑移。震害等级为严重破坏（昆仑山口西地震）

照片 3-010 武马路（地震烈度Ⅷ度），位于江油市境内，属于县道。有巨大滚石落到路面的情况。部分路段路堤发生破坏，路面边缘发生坍塌。震害等级为严重破坏（汶川地震）

照片 3-011 东雁路（地震烈度Ⅷ度），位于江油市境内，属于县道。山体塌方严重，多处路段被落石掩埋。震害等级为严重破坏（汶川地震）

照片 3-012 东雁路枫顺至窄家桥（地震烈度Ⅷ度），位于江油市境内，属于县道。路面有纵横明显的裂缝，山体塌方严重，多处路段被落石掩埋。震害等级为严重破坏（汶川地震）

照片 3-013 九环线（地震烈度Ⅷ度），位于江油市境内，属于省道。崩塌落石掉至路边，危及行车，路面出现较长明显的裂缝。震害等级为严重破坏（汶川地震）

照片 3-014 蒲新路（地震烈度Ⅹ度），位于彭州市境内，属于县道，双向两车道，沥青混凝土路面。路面有大面积的不均匀沉陷，水泥混凝土路面破损严重，通行困难，需大修。震害等级为严重破坏（汶川地震）

照片 3-015 成彭路（地震烈度Ⅷ度），位于彭州市，为一级公路。路面出现大的不均匀沉陷，通行困难，需大修。震害等级为严重破坏（汶川地震）

照片 3-016 成青路（地震烈度Ⅸ度），起于成都市三环路，经光华大道至温江区，沿温郫彭公路至温江寿安镇，跨金马河，进入青城山，经柳街、安龙到大观镇，止于 106 省道普照寺路口。整个快速通道总里程 42.8km，全线按照一级公路技术标准兴建，设计行车速度 80 公里 / 小时，双向六车道。路面出现很大的裂缝，裂缝延伸较长，需大修。震害等级为严重破坏（汶川地震）

照片 3-017　都江堰至映秀高速公路（地震烈度Ⅸ度），都江堰市玉堂镇。路基纵向开裂长达数十米，宽约 30cm。震害等级为严重破坏（汶川地震）

照片 3-018　土耳其格尔尼克－萨潘贾公路（地震烈度Ⅸ度），位于萨潘贾湖东、阿勒菲耶村东南，普通公路。公路路面起伏，平面呈蛇状扭曲，护拦大幅度变形，估计地面水平位错在 2m 以上。震害等级为毁坏（土耳其伊兹米特地震）

照片 3-019　三清村路（地震烈度Ⅸ度），位于安县桑枣镇，为县内公路。山体滑坡、路基垮塌，几乎全毁，基本无法修复。震害等级为毁坏（汶川地震）

照片 3-020　秀茶路（地震烈度Ⅸ度），位于安县茶坪乡，为县内公路，是茶坪乡通往外界的交通线。山体滑坡掩埋多处路段，路基滑坡，路面大面积坍塌，已无法修复，需重建。震害等级为毁坏（汶川地震）

照片 3-021 晓茶路（地震烈度Ⅸ度），位于安县茶坪乡，为县内公路，是茶坪乡至外界的交通线。山体滑坡掩埋多处路段，落石滚落到路面，路堤垮塌，需重建。震害等级为毁坏（汶川地震）

照片 3-022 绵金路（地震烈度Ⅸ度），从绵竹至金花。有落石塌方现象，路面毁坏严重，已无法正常通行，需重建。震害等级为毁坏（汶川地震）

照片 3-023　彭白路关白段（地震烈度Ⅺ度），从丹景山镇至龙门山镇，属于县道。路堤发生崩塌，路面出现断裂，路基沉陷，混凝土路面断板严重。震害等级为毁坏（汶川地震）

照片 3-024　沿山公路（地震烈度Ⅸ度），位于绵竹市。路面出现大面积的断裂和错位，路堤发生崩塌，破损严重。震害等级为毁坏（汶川地震）

照片 3-025　安县墩秀路（地震烈度Ⅸ度），位于安县高川乡，为二级公路。地震造成山体滑坡，将很长一段公路掩埋，不能通行。震害等级为毁坏（汶川地震）

照片 3-026　德茂公路（地震烈度Ⅸ度），位于绵竹至什邡之间，为一级公路。水泥混凝土路面破碎严重，已无法正常通行，需重建。震害等级为毁坏（汶川地震）

照片 3-027 红峡公路（地震烈度为Ⅹ度），位于什邡市红白镇，从场镇至峡马口村，路宽 7.5m，按国家山岭重丘“山重三级”公路标准修建。滑坡造成大面积路面被掩埋。震害等级为毁坏。（汶川地震）

照片 3-028 国道西景（G214）线，雁口山至结古段（地震烈度Ⅸ度）。多处山体塌方、滑坡，道路被掩埋无法通行。震害等级为毁坏（玉树地震）

照片 3-029　国道 G213 线都江堰至映秀段（地震烈度Ⅹ度），位于汶川县漩口镇，岷江右岸古溪沟大桥都江堰岸附近。山体滑坡，掩埋公路（远景）。震害等级为毁坏（汶川地震）

照片 3-030　国道 G213 线都江堰至映秀段（地震烈度Ⅹ度），位于汶川县漩口镇，岷江右岸古溪沟大桥都江堰岸附近。山体滑坡，掩埋公路（近景）。震害等级为毁坏（汶川地震）

照片 3-031　国道 G213 线都江堰至映秀段（地震烈度Ⅺ度），位于汶川县映秀镇，岷江右岸蒙子沟中桥映秀岸。山体滑坡，掩埋公路（远景）。震害等级为毁坏（汶川地震）

照片 3-032　国道 G213 线都江堰至映秀段（地震烈度Ⅺ度），位于汶川县映秀镇，岷江右岸蒙子沟中桥映秀岸。山体滑坡，掩埋公路（近景）。震害等级为毁坏（汶川地震）

照片 3-033 国道 G213 线都江堰至映秀段(地震烈度Ⅹ度)，位于汶川县漩口镇，岷江右岸白水溪大桥都江堰岸附近。路基内侧沉陷，错台开裂约 0.7m。震害等级为毁坏（汶川地震）

照片 3-034 场镇公路（地震烈度Ⅺ度），位于汶川县映秀镇。龙门山中央断裂通过带（映秀至北川断裂），公路断裂，横向错动 1.7m，纵向隆起 2.3 ~ 2.8m。震害等级为毁坏（汶川地震）

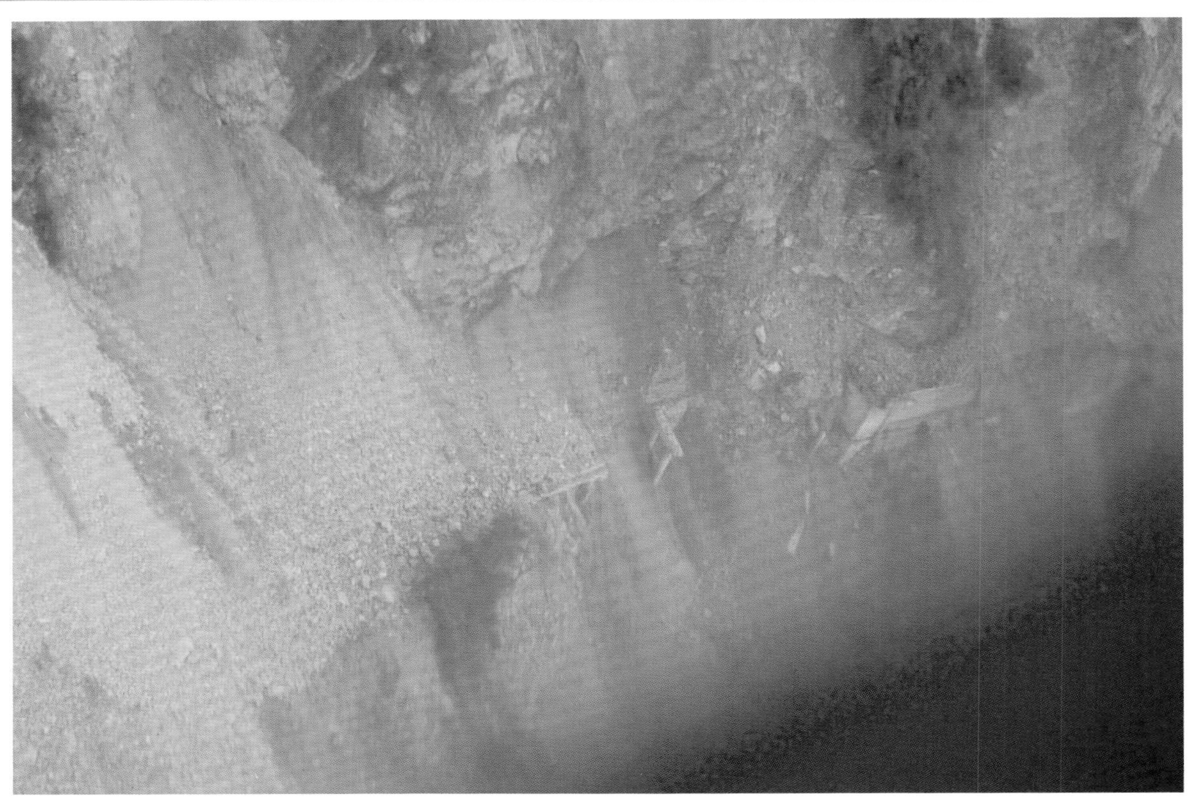

照片 3-035 国道 G213 线映秀至汶川公路（地震烈度Ⅺ度），位于一碗水，汶川县银杏乡岷江左岸。山体滑坡砸坏桥梁并掩埋公路。震害等级为毁坏（汶川地震）

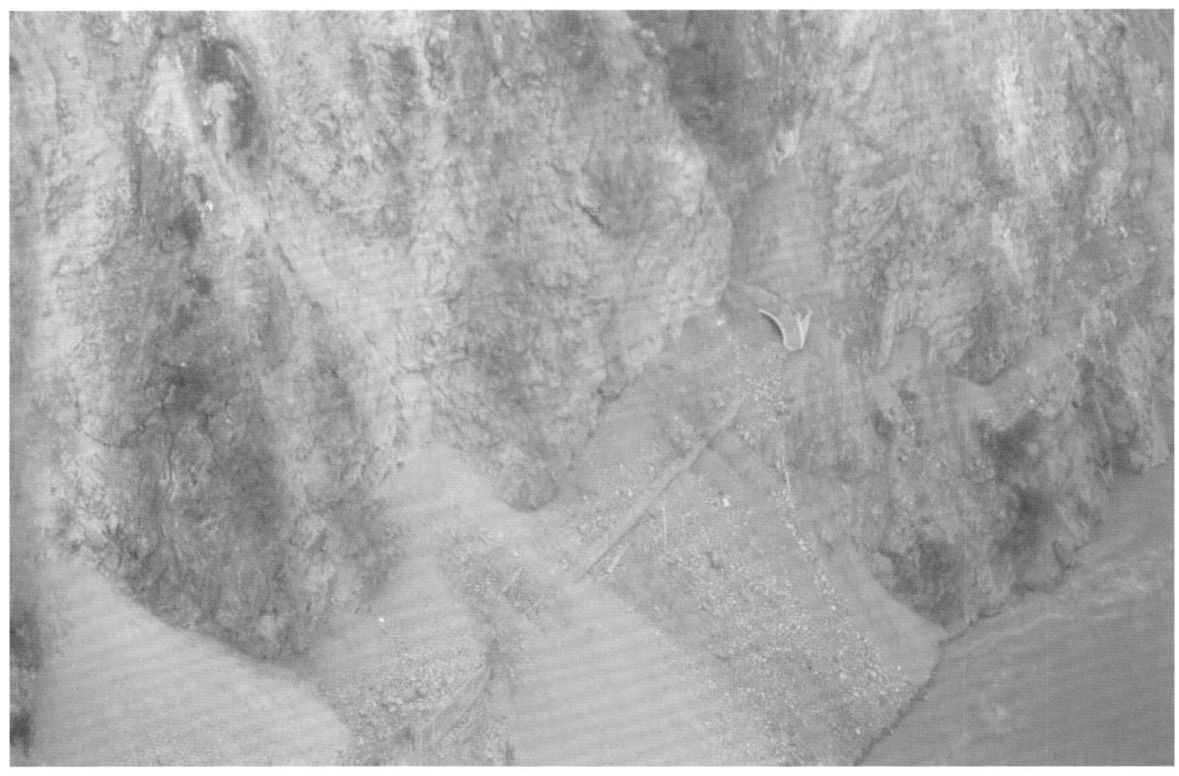

照片 3-036 国道 G213 线映秀至汶川公路（地震烈度Ⅺ度），位于毛家湾，汶川县银杏乡岷江左岸。山体滑坡掩埋隧道出口和公路。震害等级为毁坏（汶川地震）

照片 3-037 国道 G213 线映秀至汶川公路（地震烈度XI度），位于连山村，汶川县草坡乡岷江左岸。约 30m^3 的滚石砸坏公路。震害等级为毁坏（汶川地震）

照片 3-038 国道 G213 线映秀至汶川公路（地震烈度XI度），位于皂角湾，汶川县映秀镇岷江右岸。花岗岩山体滑坡掩埋公路并侵占岷江河道。震害等级为毁坏（汶川地震）

照片 3-039 S303 线映秀至卧龙公路（地震烈度Ⅺ度），位于汶川县映秀镇，渔子溪左岸。滚石砸坏挡土墙和路面。震害等级为毁坏（汶川地震）

照片 3-040 S105 线彭州经北川至青川公路（地震烈度Ⅺ度），北川县城附近。路基滑移坍塌。震害等级为毁坏（汶川地震）

照片 3-041　S105 线彭州经北川至青川公路（地震烈度Ⅺ度），北川县城附近。断层穿越导致挡土墙断裂，路面开裂。震害等级为毁坏（汶川地震）

照片 3-042　S105 线彭州经北川至青川公路（地震烈度Ⅺ度），北川县城附近。公路错断。震害等级为毁坏（汶川地震）

照片 3-043 S105 线彭州经北川至青川公路（地震烈度Ⅺ度），北川县城附近。公路错断。震害等级为毁坏（汶川地震）

照片 3-044 XU09 汶川漩口至三江乡县道（地震烈度Ⅹ度），汶川县漩口镇。山体滑坡掩埋公路，路基沉陷开裂。震害等级为毁坏（汶川地震）

照片 3-045 XN44 成都市彭州至银厂沟景区道路（地震烈度Ⅺ度），彭州市龙门山镇。路基隆起，外侧路基坍塌、滑移破坏。震害等级为毁坏（汶川地震）

照片 3-046 X101 汉旺经清平至簏棚子县道（地震烈度Ⅺ度），绵竹市汉旺镇。山体滑坡掩埋公路。震害等级为毁坏（汶川地震）

照片 3-047 X101 汉旺经清平至篾棚子县道（地震烈度Ⅺ度），绵竹市汉旺镇。山体滑坡掩埋公路。震害等级为毁坏（汶川地震）

照片 3-048 X101 汉旺经清平至篾棚子县道（地震烈度Ⅺ度），绵竹市汉旺镇。穿过断裂带，公路隆起错断，隆起高度为 4m。震害等级为毁坏（汶川地震）

照片 3-049 XH10 金子山至青川县道（地震烈度Ⅸ度），青川县凉水镇。崩塌巨石阻断公路。震害等级为毁坏（汶川地震）

3.2 铁路

3.2.1 宝成线（汶川地震）

宝成线Ⅰ级铁路，于1957年建成通车，阳平关至成都段全长397.947km，增二线除成都青白江地震裂度为Ⅶ度外，其余地段均烈度≤Ⅵ度。距震中汶川70~320km，全长637.915km，全线复线，管内里程为k342+058~k668+805，上行长320.264km，上行长317.651km，钢轨为60kg/m轨，其中无缝线路403.43km，占正线延长的63.2%。

震害等级为中等破坏。震害现象：

（1）路基病害的类型绝大多数为路堤下沉及危岩落石，少量为水沟、挡墙开裂。

（2）桥梁出现锥体开裂下沉破坏，支座破坏，梁体移位，桥拱圈开裂，桥墩开裂，简支梁体损坏；涵洞整体沉降。

（3）隧道拱墙局部开裂、剥落掉块，洞口仰坡防护开裂，洞口段山体开裂，形成危岩落石。

（4）接触网支柱出现严重的裂纹、倾斜、基础防护墩破裂损坏等情况。

（5）大量机务设施设备受到破坏。

（6）水塔倾斜或开裂，水井受损，管路爆管、断裂。

（7）路基病害的类型绝大多数为路堤下沉及危岩落石，少量为水沟、挡墙开裂。

照片 3-050 火车撞击岩体导致破坏

照片 3-051 油罐车起火

照片 3-052 铁轨被崩塌的岩石掩埋

照片 3-053 抢险人员在清除隧洞内的杂物

3.2.2 广岳支线（汶川地震）

广岳支线Ⅳ级铁路，1966 建成，在宝成线广汉站接轨，止于岳家山车站，设防标准不明，距震中约 50km，线路正线延长 64.912km，最小曲线半径 250m，共有曲线 73 个计 16505.42m；最大坡度 18‰。

震害等级为毁坏。震害现象：

（1）多处山体坍塌、山体滑坡，线路全部毁坏，形成堰塞湖。

（2）部分路肩垮塌，路基悬空，路堤下沉变形，局部挡护墙开裂，挡土墙坍滑。

（3）部分桥墩被坍塌体摧毁，隧道洞口被掩埋。

（4）山体滑坡掩埋轨道、围岩落石砸坏轨道部件，轨枕出现空吊、爬行、侧移现象，造成部分轨枕和扣件失效，钢轨因地表变形而严重扭曲变形。

照片 3-054　钢轨严重扭曲变形

照片 3-055　滚石破坏轨道

照片 3-056 山体崩塌，滚石破坏轨道，阻断交通

照片 3-057 工人抢修广岳线

3.2.3 洛水—蓥华铁路（汶川地震）

照片 3-058 位于什邡市境内，地震烈度Ⅷ度。滚落的巨石砸坏铁轨。震害等级为毁坏

照片 3-059 位于什邡市境内，地震烈度Ⅷ度。岩石崩落，破坏铁路。震害等级为毁坏

3.2.4 汉旺附近铁路（汶川地震）

照片 3-060 至照片 3-061 位于汉旺镇境内，地震烈度X度。断层穿过绵竹汉旺镇引起铁路破坏。震害等级为毁坏

3.3 隧道

3.3.1 昆仑山口铁路隧道（昆仑山口西地震）

照片 3-062 二号横洞（地震烈度Ⅷ度）。横洞洞门稍有变形，对施工无影响。震害等级为基本完好

照片 3-063 施工中的隧道，开凿出的部分已完成一期衬砌（地震烈度Ⅷ度）。近格尔木隧道入口内一期衬砌出现裂缝，对结构影响不大。震害等级为轻微破坏

3.3.2 友谊隧道（汶川地震）

友谊公路隧道（地震烈度Ⅺ度），位于G213线都江堰至映秀段都江堰与汶川交界处，隧道长962m。施工缝几乎全部开裂，整个隧道路面开裂严重，裂缝纵横交错，仰拱大幅隆起，致使路面呈倒V字形；二次衬砌几乎无完好地段，破坏部位主要在两侧拱腰与拱顶，严重破坏段拱墙环向钢筋扭曲外凸，混凝土脱落，局部发生坍塌。震害等级为严重破坏。

照片 3-064　映秀端隧道口仰坡山体滑坡

照片 3-065　隧道内衬砌拱腰混凝土剥落，钢筋外露

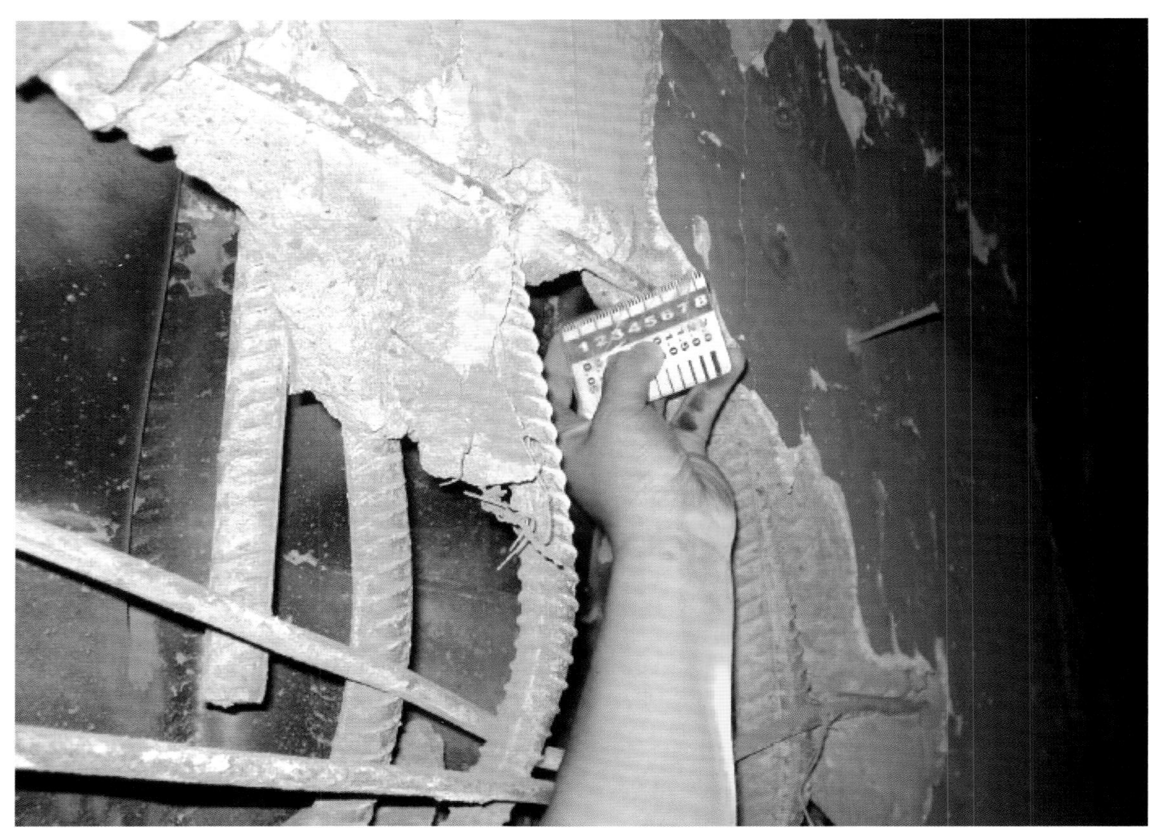

照片 3-066 隧道内边墙混凝土脱落，钢筋外露

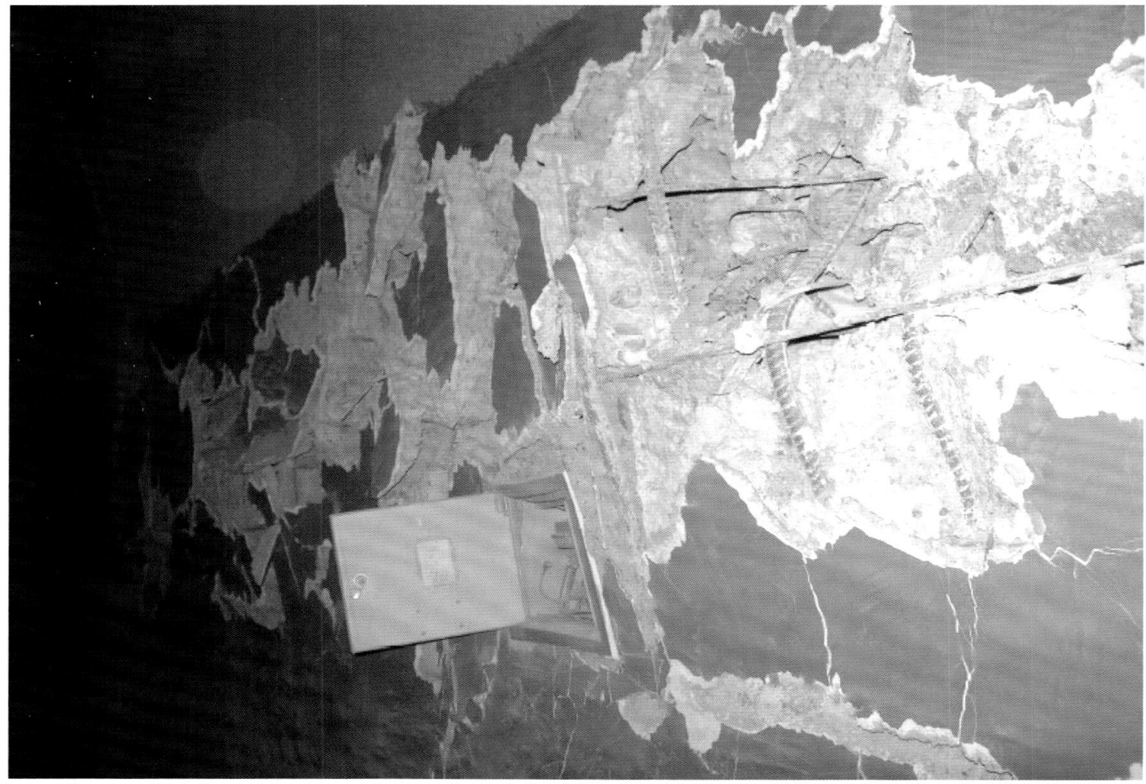

照片 3-067 隧道内边墙钢筋扭曲，预埋洞破坏

3.3.3 白云顶隧道（汶川地震）

白云顶公路隧道（地震烈度Ⅹ度），处在G213线都江堰至映秀段，汶川县漩口镇，穿越白云顶山，隧道长406m。都江堰端隧道口山体滑坡，映秀端挡土墙开裂；施工缝开裂及局部细小结构性裂缝，在距离映秀端隧道口60m处隧道发生严重破坏，二次衬砌错台达40cm，环向钢筋严重弯曲外凸，混凝土局部垮塌，路面裂缝密布，错台达20cm以上。震害等级为严重破坏。

照片 3-068　都江堰端隧道口边坡崩塌、落石

照片 3-069　隧道内边墙破裂，钢筋扭曲

照片 3-070　隧道内边拱墙混凝土开裂、剥落

3.3.4 毛家湾隧道（汶川地震）

毛家湾公路隧道（地震烈度Ⅺ度），位于汶川县的银杏乡 G213 线映秀至汶川公路，岷江左岸，长 399m。隧道口山体滑坡堵塞洞口。震害等级为严重破坏。

照片 3-071　汶川端隧道口被滑坡岩土体掩埋

照片 3-072　映秀端隧道口仰坡滑坡，滚石散落在洞口

3.3.5 耿达隧道（汶川地震）

耿达公路隧道（地震烈度Ⅸ度），位于汶川县卧龙镇耿达村的S303线映秀至卧龙公路上，隧道长823m。隧道口明洞顶部被滚石砸穿。震害等级为严重破坏。

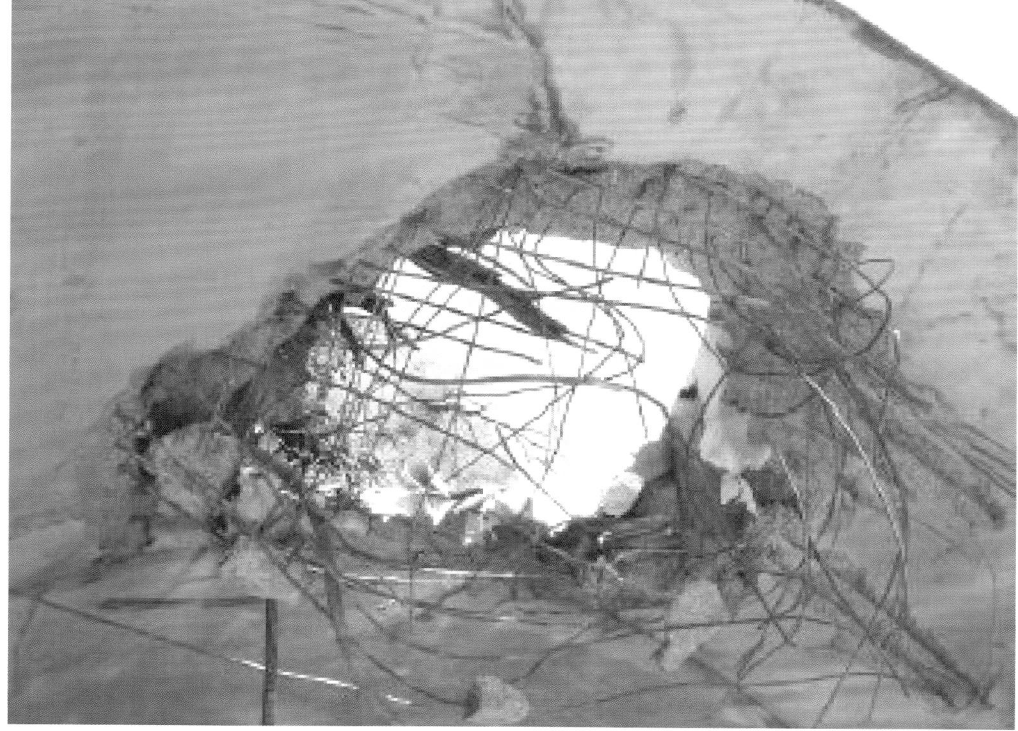

照片3–073至照片3–074　映秀端洞口顶部被滚石砸穿

3.3.6 牛角垭隧道（汶川地震）

牛家垭公路隧道（地震烈度Ⅸ度），位于北川县南坝镇的S105线彭州经北川至青川公路上，隧道长1614m。隧道二次衬砌裂缝较多，局部裂缝较密集，多处拱顶有起皮、脱落现象，部分拱顶剥落，衬砌钢筋变形，部分施工缝开裂、错台，渗漏水。震害等级为严重破坏。

照片 3–075　隧道内拱腰处二次衬砌开裂，错台

照片 3–076　隧道内拱顶二次衬砌局部掉块

照片 3-077 隧道内边墙与拱部衬砌开裂、渗水

照片 3-078 隧道内拱顶混凝土剥落，衬砌钢筋变形外露

3.3.7 酒家垭隧道（汶川地震）

酒家垭公路隧道（地震烈度Ⅸ度），位于青川县凉水镇的 XH10 金子山至青川县道上，隧道长 2080m。衬砌开裂、掉块、垮塌等。震害等级为严重破坏。

照片 3-079 隧道内衬砌大面积掉块，环向施工缝开裂

照片 3-080 拱顶混凝土掉块，钢筋弯曲外露

照片 3-081 拱顶衬砌垮塌

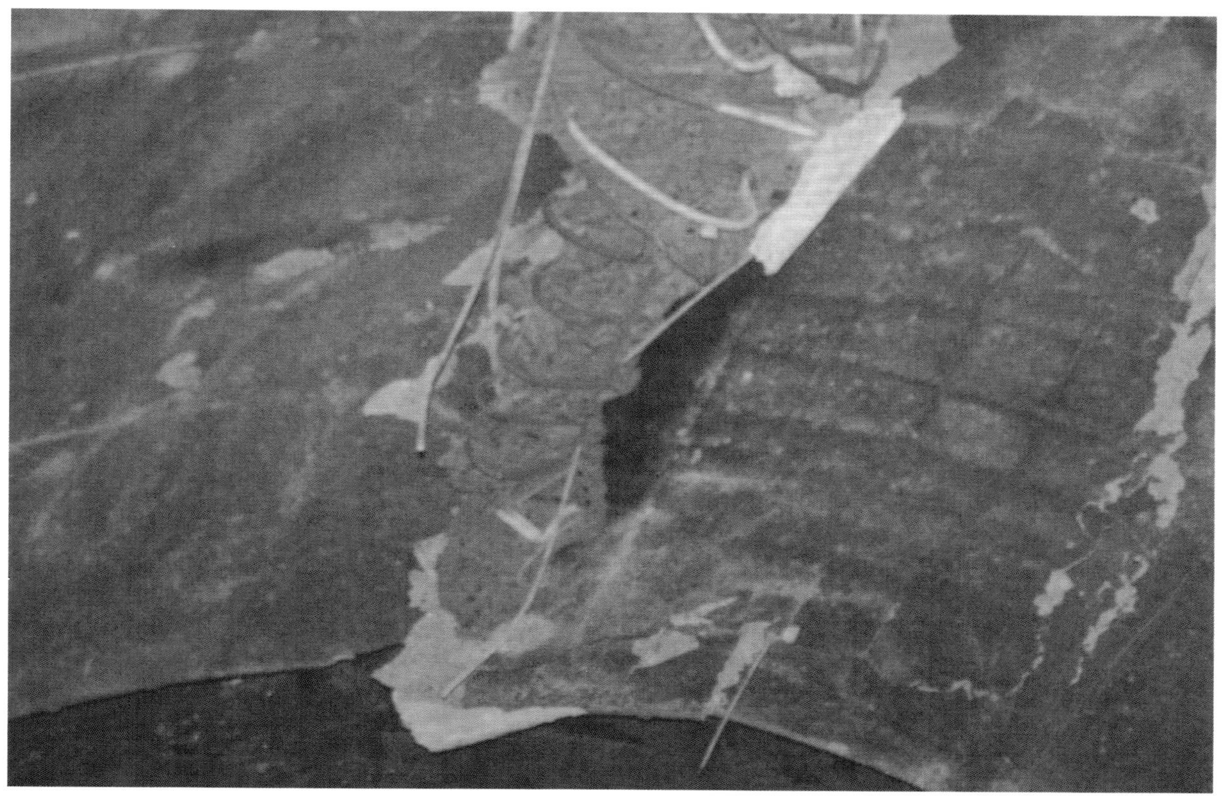

照片 3-082 拱部衬砌破坏，钢筋弯曲外露

照片 3–083 衬砌初期支护严重变形

照片 3–084 仰拱填充开裂、错台

3.3.8 龙溪隧道（汶川地震）

龙溪公路隧道（地震烈度Ⅺ度），位于汶川县映秀镇的都江堰至映秀高速公路上，全长3691m。素混凝土衬砌段开裂、剥落、大面积垮塌，钢筋混凝土衬砌段剥落，钢筋弯曲外露，洞室整体坍塌近200m；未做二次衬砌地段初期支护破损严重，喷混凝土剥落、掉块，钢架扭曲变形；仰拱大幅隆起达80cm，都江堰进口段发生抬升，洞内地下水聚集。震害等级为毁坏。

照片3-085 映秀端隧道口滚石堵塞，砸坏路面

照片3-086 衬砌混凝土大面积开裂

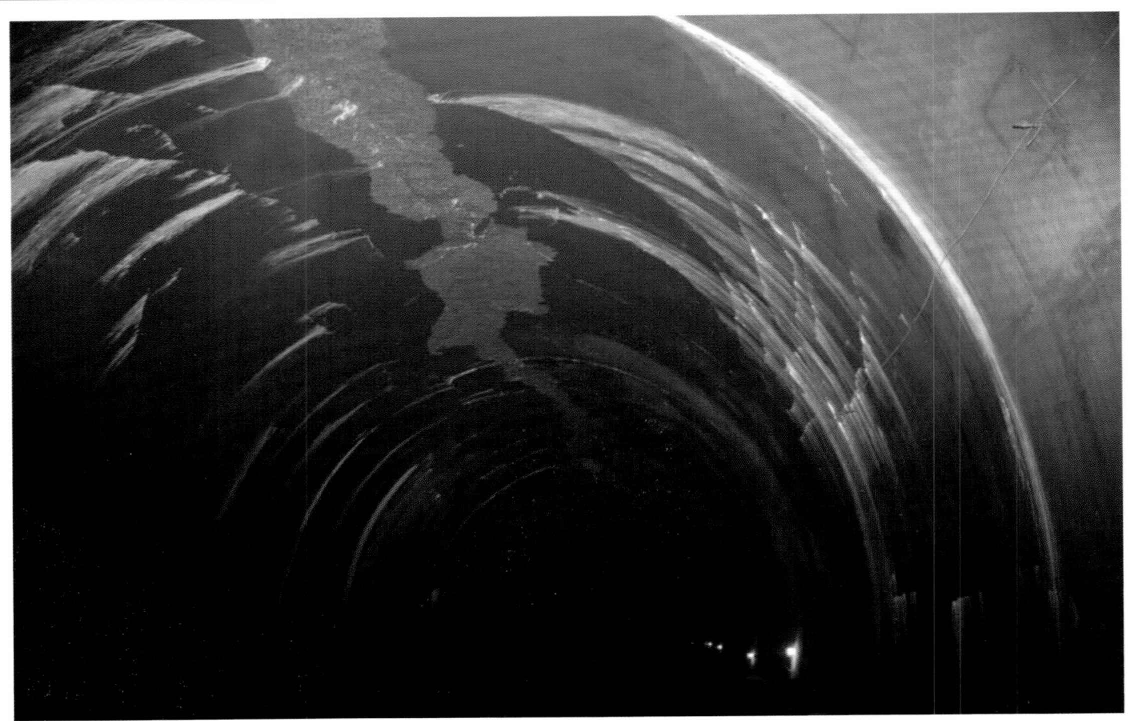

照片 3-087 衬砌混凝土剥落，裂缝密布

照片 3-088 衬砌垮塌，防水布破损外露

照片 3-089　拱顶整体坍塌

照片 3-090　拱部喷混凝土剥落，钢筋外露

照片 3-091 拱部衬砌垮塌，初期支护变形

照片 3-092 仰拱填充隆起、碎裂

3.4 桥梁

3.4.1 黄江大桥（汶川地震）

黄江大桥（地震烈度Ⅷ度），位于江油境内，江油和北川界桥。结构类型上部为中承式混凝土箱拱，下部钢筋混凝土柱式墩，桥长100m，宽11m。无明显地震破坏现象。震害等级为基本完好。

照片 3-093 黄江大桥

3.4.2 漫水桥（汶川地震）

漫水桥（地震烈度Ⅸ度），位于绵阳市安县永通路，建于1965年1月，结构形式为钢筋混凝土上承式简支板梁，荷载等级：汽 -10 级；跨径：11×6.5m；桥长：78m；桥宽：4m。该桥未出现明显的震损。震害等级为基本完好。

照片 3-094 漫水桥

照片 3-095 引道路面破损

3.4.3 青安渡大桥（汶川地震）

青安渡大桥（地震烈度Ⅸ度），位于绵阳市安县界青路，建于1992年1月，结构形式为空腹式石板拱桥，跨径：5×40m；桥长：217m；桥宽：7m。地震未对该桥产生影响。震害等级为基本完好。

照片3-096 青安渡大桥

照片3-097 栏杆局部缺损

3.4.4 先林大桥（汶川地震）

先林大桥（地震烈度Ⅸ度），位于绵阳市安县花荄镇塔九路，建于1985年1月，结构形式：钢筋混凝土空腹式双曲拱桥；跨径：6×35m；桥长：245m；桥宽：8.6m。地震未对桥梁产生大的影响。震害等级为基本完好。

照片3-098 先林大桥

照片3-099 桥面局部有横向裂缝

3.4.5 黄土大桥（汶川地震）

黄土大桥（地震烈度Ⅸ度），位于绵阳市安县安梓路，建于 1979 年 1 月，结构形式：钢筋混凝土空腹式双曲拱桥；跨径：4 × 40m；桥长：200.44m；桥宽：7.5m。地震未对桥梁产生影响。震害等级为基本完好。

照片 3-100 黄土大桥

3.4.6 马家桥（汶川地震）

马家桥（地震烈度Ⅸ度），位于绵阳市安县子汉路，建于 1971 年 1 月。结构形式：上承式空腹无铰石板拱桥；跨径：4 × 15m；桥长：85.52m。地震未对桥梁产生影响。震害等级为基本完好。

照片 3-101 马家桥

3.4.7 川西大桥（汶川地震）

川西大桥（地震烈度Ⅷ度），位于彭州市境内敖平镇至军乐镇跨湔江。结构类型上部为 6 梁 ×8 跨 ×40m 钢筋混凝土箱型拱，横向微曲肋板（异形双曲拱桥），下部刚劲混凝土壁式桥台（分离式 U 形侧墙），部分墩为双柱钢筋混凝土桥墩，部分墩为四柱双排钢筋混凝土桥墩，桥长 320m，宽 16m。桥台侧墙开裂，桥面搭板部位起拱开裂。震害等级为轻微破坏。

照片 3–102　川西大桥

照片 3–103　桥面搭板部位起拱开裂

照片 3-104 桥台侧墙开裂

3.4.8 马井大桥（汶川地震）

马井大桥（地震烈度Ⅷ度），位于什邡市境内 105 国道跨鸭子河。结构类型上部为钢筋混凝土外包石拱桥，横向桥面悬臂钢筋混凝土梁，下部重力式桥墩，桥长 120m，宽 11m。拱顶有水平裂缝，拱脚有轻微裂纹。震害等级为轻微破坏。

照片 3-105 马井大桥

照片 3-106 拱脚有轻微裂纹

照片 3-107 拱顶有水平裂缝

3.4.9 南河大桥（汶川地震）

南河大桥（地震烈度Ⅸ度），位于绵阳市安县安昌镇成青路上，结构类型上部为钢筋混凝土T梁，下部单壁钢筋混凝土柱，桥长160m，宽7m。主梁有细裂缝。震害等级为轻微破坏。

照片3-108 南河大桥

照片3-109 主梁出现细裂缝

3.4.10 余家坝大桥（汶川地震）

余家坝大桥（地震烈度Ⅸ度），位于绵阳市安县成青路，建于 1998 年 10 月，结构形式为钢筋混凝土上承式箱型无铰拱，荷载等级：公路Ⅰ级；跨径：5×47.5m；桥长：259.1m；桥宽：23m；矢跨比：1/4。护坡局部破裂，引道路面混凝土破损，人行道一处端部开裂。震害等级为轻微破坏。

照片 3-110 余家坝大桥

照片 3-111 护坡局部破裂

照片 3-112　引道路面混凝土破损

照片 3-113　人行道端部开裂

3.4.11 白马井桥（汶川地震）

白马井桥（地震烈度Ⅸ度），位于绵阳市安县成青路，建于1998年8月。结构形式：上承式实腹无铰石板拱桥；荷载等级：公路Ⅰ级；跨径：1×10m；桥长：30.16m；桥宽：16m；矢跨比：1/3。锥坡开裂；路桥连接处路面开裂；桥面有5道裂缝，宽1mm；栏杆端部开裂。震害等级为轻微破坏。

照片 3-114　白马井桥

照片 3-115　路桥连接处路面开裂

照片 3-116 锥坡开裂

照片 3-117 栏杆端部开裂

3.4.12 前锋桥（汶川地震）

前锋桥（地震烈度Ⅸ度），位于绵阳市安县安罗路，建于1972年1月。结构形式：上承式空腹无铰石板拱桥；跨径：3×22m；桥长：93m。路桥连接处路面纵向接缝开裂。震害等级为轻微破坏。

照片 3-118 前锋桥

照片 3-119 路桥连接处纵向接缝开裂

3.4.13 龙溪河大桥（汶川地震）

龙溪河大桥（地震烈度Ⅸ度），位于都江堰境内都江堰至龙池镇。结构类型上部为钢筋混凝土预应力简支箱梁，下部3柱钢筋混凝土桥墩，桥长（25+20）m，宽7m行车道+3m人行道。桥台侧墙开裂。震害等级为轻微破坏。

照片 3-120 龙溪河桥

照片 3-121 桥台侧墙开裂

3.4.14 青城 4# 桥（汶川地震）

青城 4# 桥（地震烈度Ⅸ度），位于都江堰市西南。结构类型上部为半幅 T 梁，半幅板梁，下部重力式桥台，桥长 20m，宽 32.5m。桥台侧墙起拱开裂。震害等级为轻微破坏。

照片 3-122 青城 4# 桥

照片 3-123 桥台侧墙起拱开裂

3.4.15 石亭江一号桥（汶川地震）

石亭江一号桥（地震烈度Ⅸ度），位于绵竹市境内成青路跨石亭江上，建于1983年。结构类型上部为18×20m钢筋混凝土T梁，下部钢混结构，桥长360m，宽9m。伸缩缝处有破损。震害等级为轻微破坏。

照片3-124 石亭江一号桥

照片3-125 伸缩缝处有破损

照片 3-126 桥栏结构的碰撞

3.4.16 东北平桥（汶川地震）

东北平桥（地震烈度Ⅸ度），位于绵竹市区内。结构类型上部为简支梁，下部钢混结构。伸缩缝处有轻微挤压破坏。震害等级为轻微破坏。

照片 3–127　东北平桥

照片 3–128　伸缩缝处有轻微挤压破坏

3.4.17 飞云闸桥（汶川地震）

飞云闸桥（地震烈度Ⅸ度），位于绵竹市区内，德阳至绵竹线上。结构类型上部为人行拱桥 + 简支梁，下部钢混结构。行车主桥完好，附属拱桥主拱有细裂缝，边拱拱脚有细裂缝，梁拱结合处有斜裂缝。震害等级为轻微破坏。

照片 3–129 飞云闸桥

照片 3–130 起拱和绅缩缝处挤压破坏

3.4.18 青海玉树结古镇当代新桥（玉树地震）

青海玉树结古镇当代新桥（地震烈度Ⅸ度），位于国道西景（G214）线的青海玉树结古镇环城路段。结构类型为四跨简支转连续梁桥，下部结构为三柱式钢筋混凝土桥墩。桥宽 11m，两侧人行道各宽 1.8m，建于 2008 年 10 月。北侧引桥与桥体有 27cm 宽裂缝，桥面未见异常；橡胶支座脱落、破坏；钢筋混凝土防止落梁装置（上游一侧）破坏；梁端与桥台存在由于碰撞而导致的破坏，错台高度约 5cm。震害等级为轻微破坏。

照片 3-131　防止落梁装置（上游一侧）破坏

3.4.19 扎曲河大桥（玉树地震）

扎曲河大桥（地震烈度Ⅸ度），位于国道西景（G214）线的青海玉树结古镇环城路段。结构类型为三跨简支连续梁桥，下部结构为双柱式钢筋混凝土桥墩。桥长 60m，两侧人行道各 3m，车行道宽 6m。一侧引桥有挤压破坏现象，错台达 10cm；桥头侧移（向河中央）约 50cm，道路中央水泥板有 5cm 缝隙，整体有 10cm 缝隙；防止落梁装置（钢混挡块）破坏；梁端与桥台有碰撞破坏，裂缝宽度达 7cm。震害等级为轻微破坏。

照片 3-132　防止落梁装置破坏

3.4.20　文成公主北桥（玉树地震）

文成公主北桥（地震烈度Ⅸ度），位于国道西景（G214）线的巴塘机场至青藏省界多普玛段，结构类型为五跨简支转连续曲线桥，下部结构为双柱式（中间有系梁）钢筋混凝土桥墩。上下行线桥梁中间最大缝隙宽约 4cm；桥台防止落梁装置破损；钢筋混凝土桥墩顶端和系梁两端均有裂缝；由于梁端与桥台碰撞而导致梁端破坏，开裂 10cm。震害等级为轻微破坏。

照片 3-133　文成公主北桥

照片 3-134　桥墩系梁出现细裂缝

3.4.21 关口大桥（汶川地震）

关口大桥（地震烈度Ⅷ度），位于彭州市境内丹景山镇至绵竹。结构类型上部为6梁 ×5跨 ×20m双曲拱桥，下部重力式桥墩，桥长100m，宽7m。第三跨主拱圈拱顶开裂，部分主拱在拱顶向下第2第3系梁结点位置有裂纹，部分附拱拱顶开裂。震害等级为中等破坏。

照片3-135 关口大桥

照片3-136 第三跨主拱圈拱顶开裂

照片 3-137 附拱拱顶开裂

照片 3-138 系梁结点位置有裂纹

3.4.22 银河大桥（汶川地震）

银河大桥（地震烈度Ⅷ度），位于江油市六合乡 Y204 厚六路。结构类型上部为 8×12m 预应力混凝土 T 梁，下部重力式桥墩，桥长 96m，宽 6m 行车道 +2m 人行道。部分梁端挤压破损，桥面有纵向裂缝，伸缩缝位置桥面起拱。震害等级为中等破坏。

照片 3-139　银河大桥

照片 3-140　梁端挤压破损

照片 3-141 桥面有纵向裂缝

照片 3-142 伸缩缝位置桥面起拱

3.4.23 让水大桥（汶川地震）

让水大桥（地震烈度Ⅷ度），位于江油市太平镇S302万阿路。结构类型上部为8×9×25m预应力混凝土箱梁，下部双柱钢筋混凝土墩，桥长225m，宽11m。桥台侧墙开裂，桥头搭板移位。震害等级为中等破坏。

照片3-143 让水大桥

照片3-144 挡块开裂

照片 3-145 桥台侧墙开裂

照片 3-146 桥头搭板移位

3.4.24 龙潭桥（汶川地震）

龙潭桥（地震烈度Ⅷ度），位于江油市太平镇边界沟村S302万阿路。结构类型上部为8×2×25m预应力混凝土箱梁，下部重力式桥墩，桥长50m，宽11m。台背开裂梁端破坏。震害等级为中等破坏。

照片3-147 龙潭桥

照片3-148 台背开裂梁端破坏

3.4.25 秀水河桥（汶川地震）

秀水河桥（地震烈度Ⅸ度），位于绵阳市安县境内成青路秀水河，结构类型上部为钢筋混凝土T梁，下部4跨钢筋混凝土柱，桥长50m，宽11（行车道）m+5（人行道）m。桥头搭板起拱，挡块开裂，主梁横向移位。震害等级为中等破坏。

照片 3-149 秀水河桥

照片 3-150 挡块开裂

照片 3-151 桥头搭板起拱

照片 3-152 上部横向移位

3.4.26 甘河子大桥（汶川地震）

甘河子大桥（地震烈度Ⅸ度），位于绵阳市安县境内成青路，结构类型上部为钢筋混凝土双曲拱桥，下部重力式桥墩，桥长 64m，宽 6m。桥台侧墙开裂，第一跨主拱在附拱支撑部位开裂，附拱拱顶开裂。震害等级为中等破坏。

照片 3-153 甘河子大桥

照片 3-154 第一跨主拱在附拱支撑部位开裂

照片 3-155 桥台侧墙开裂

照片 3-156 桥拱开裂

3.4.27 代家沟桥（汶川地震）

代家沟桥（地震烈度Ⅸ度），位于绵阳市安县境内成青路，建于1998年8月，结构形式为钢筋混凝土上承式简支板梁，荷载等级：公路Ⅱ级；跨径：1×8m；桥长：32.76m；桥宽：16m。桥台裂缝宽约2~4mm；栏杆外闪。震害等级为中等破坏。

照片3-157 栏杆外倾

照片3-158 桥台裂缝

3.4.28 S105 一号桥（汶川地震）

S105 一号桥（地震烈度Ⅸ度），位于绵阳市安县成青路，建于 2002 年 7 月，结构形式为钢筋混凝土上承式简支空心板梁，荷载等级：公路Ⅰ级；跨径：6×20m；桥长：131.46m；桥宽：12m。桥台护坡沉陷开裂严重，桥墩挡块开裂，路桥连接处路面开裂，护栏局部破损。震害等级为中等破坏。

照片 3-159 S105 一号桥

照片 3-160 路桥连接处路面开裂

照片 3-161 桥墩挡块开裂

照片 3-162 桥台右护坡沉陷开裂

3.4.29 洪家湾大桥（汶川地震）

洪家湾大桥（地震烈度Ⅸ度），位于绵阳市安县成青路，建于 2002 年 7 月，结构形式为预应力钢筋混凝土连续空心板梁，荷载等级为公路Ⅰ级，跨径为 5×20m，桥长 112.04m，桥宽 12m。桥墩挡块破裂严重；墩柱底系梁裂缝；伸缩缝碰撞挤压破坏、混凝土开裂；滚石砸坏防撞护栏。震害等级为中等破坏。

照片 3–163 洪家湾大桥

照片 3–164 伸缩缝碰撞挤压破坏，混凝土开裂

照片 3-165　桥墩挡块破裂

照片 3-166　墩柱底系梁裂缝

3.4.30 安昌河大桥（汶川地震）

安昌河大桥（地震烈度Ⅸ度），位于绵阳市安县，建于1966年5月。结构形式：钢筋混凝土简支T梁桥；跨径：7×22.2m；桥长：未知；桥宽：8.2m。梁间横隔板混凝土剥落；T梁在1/4跨处轻微竖向裂缝；人行道局部错台，局部破损开裂。震害等级为中等破坏。

照片3-167 安昌河大桥

照片3-168 T梁轻微竖向裂缝

照片 3-169 梁间横隔板混凝土剥落

照片 3-170 人行道局部错台，局部破损开裂

3.4.31 杨家河桥（汶川地震）

杨家河桥（地震烈度Ⅸ度），位于绵阳市安县成青路，建于1998年8月。结构形式：上承式空腹无铰石板拱桥；荷载等级：公路Ⅰ级；跨径：1×20m；桥长：36m；桥宽：24.0m；矢跨比：1/3。锥坡开裂；桥头混凝土横向开裂；桥面中部横向开裂。震害等级为中等破坏。

照片3-171　杨家河桥

照片3-172　桥头混凝土横向开裂

照片 3-173 锥坡开裂

照片 3-174 桥面中部纵向开裂

3.4.32 晓坝大桥（汶川地震）

晓坝大桥（地震烈度Ⅸ度），位于绵阳市安县秀茶路，建于1980年8月。结构形式：上承式空腹无铰板拱桥＋上承式空腹无铰双曲拱桥；荷载等级：汽车—超20级；跨径：1×20m＋1×65m；桥长：155m。跨中处纵向裂缝；路桥连接处纵向开裂，向外滑移；桥面有4条横向裂缝，宽1mm；人行道局部破损，纵向开裂。震害等级为中等破坏。

照片3–175 晓坝大桥

照片3–176 跨中处纵向裂缝

照片 3-177 路桥连接处纵向开裂，向外滑移

照片 3-178 人行道局部破损，纵向开裂

3.4.33 南岳大桥（汶川地震）

南岳大桥（地震烈度Ⅸ度），位于都江堰龙池镇。结构类型上部为混凝土砌块拱，下部重力式桥墩，桥长30m，宽7m。主拱拱顶纵向裂缝，附拱拱顶开裂。震害等级为中等破坏。

照片3-179 南岳大桥

照片3-180 附拱拱顶开裂

照片 3-181　主拱拱顶纵向裂缝

3.4.34　鹿角堰桥（汶川地震）

鹿角堰桥（地震烈度Ⅸ度），位于绵竹市土门镇绵武路。结构类型为4×20m钢筋混凝土斜交梁桥，桥长60m，宽12m。桥面系扭转，挡块开裂。震害等级为中等破坏。

照片 3-182　鹿角堰桥

照片 3-183 挡块开裂

照片 3-184 桥面系扭转

3.4.35 景观立交桥（汶川地震）

景观立交桥（地震烈度Ⅸ度）位于绵竹市区内绵竹环城路。结构类型上部为连续箱梁，下部钢混结构。台背和侧墙有损坏，支座有位移，挡块有损坏。震害等级为中等破坏。

照片 3-185 景观立交桥

照片 3-186 桥台与主梁分离

3.4.36 北门花桥（汶川地震）

北门花桥（地震烈度Ⅸ度），位于绵竹市区内德阳－绵竹线。结构类型上部为上承式石拱桥，下部三孔石砌墩台。拱脚挤压开裂；桥上附属廊亭部分垮塌。震害等级为中等破坏。

照片 3-187 北门花桥

照片 3-188 拱脚明显开裂

3.4.37 紫来桥（汶川地震）

紫来桥（地震烈度Ⅸ度），位于绵竹市区内，德阳至绵竹线上。结构类型上部为上承式拱桥，下部钢混拱。桥面栏杆部分倒塌，主拱有轻微裂缝，引桥路面有沉降位移。震害等级为中等破坏。

照片 3-189 紫来桥

照片 3-190 栏杆破坏

照片 3-191 桥面和栏杆纵向脱裂

照片 3-192 主拱圈裂缝

3.4.38 东门大桥（汶川地震）

东门大桥（地震烈度Ⅸ度），位于绵竹市区内，德阳至绵竹线上。结构类型上部为斜交 3 跨连续梁，下部钢混结构。桥台路面挤压破坏，支座位移。震害等级为中等破坏。

照片 3-193　东门大桥

照片 3-194　支座位移

照片 3-195 桥台路面挤压破坏

3.4.39 通济大桥（汶川地震）

通济大桥（地震烈度Ⅸ度），位于彭州市境内彭州至龙门山镇跨湔江。结构类型上部为横向预应力板梁，纵向石拱桥，下部重力式桥墩，桥长180m，宽11m。龙门山方向搭板断裂沉降，桥台侧墙外倾开裂。震害等级为中等破坏。

照片3-196 通济大桥

照片3-197 桥台侧墙外倾开裂

照片 3-198 龙门山方向搭板断裂沉降

3.4.40 斜交小桥（汶川地震）

斜交小桥（地震烈度Ⅸ度），位于什邡市境内广汉到青牛沱跨老蓥华沟。结构类型上部为钢混板梁，下部重力桥台，桥长 8m，宽 6.5m。桥头引道起拱桥面沉降，重力桥台开裂。震害等级为中等破坏。

照片 3-199 桥台碰撞破坏

照片 3-200 桥头引道起拱桥面沉降

照片 3-201 重力桥台开裂

3.4.41 关通桥（汶川地震）

关通桥（地震烈度X度），位于什邡市红白镇。结构类型上部为石拱桥，下部条石桥台，桥长30m，宽6.5m。拱脚开裂，附拱拱顶开裂。震害等级为中等破坏。

照片 3-202 小副拱破坏

照片 3-203 主拱拱角开裂

3.4.42 石夹子大桥（汶川地震）

石夹子大桥（地震烈度Ⅺ度），位于彭州市境内彭州至龙门山镇跨湔江支流。结构类型上部为预应力混凝土箱梁，下部双钢筋混凝土柱，桥长 75m，宽 12m。桥台侧墙外倾，盖梁产生斜裂缝。震害等级为中等破坏。

照片 3-204 石夹子大桥

照片 3-205 桥台侧墙外倾

照片 3-206 盖梁产生斜裂缝

3.4.43 太白桥（汶川地震）

太白桥（地震烈度Ⅷ度），位于江油市区内 S302。结构类型上部为预应力变截面混凝土箱梁（类T形钢构），下部 V 形钢筋混凝土双柱式桥墩，桥长 90m，宽 13m。边跨跨中梁底横向贯穿裂缝，台背侧墙开裂。震害等级为严重破坏。

照片 3-207 太白桥

照片 3-208 边跨跨中梁底横向贯穿裂缝

照片 3-209 台背侧墙开裂

3.4.44 铁路桥（汶川地震）

铁路桥（地震烈度Ⅸ度），位于什邡市红白镇广汉到岳家山跨石亭江。结构类型上部为钢混T形简支梁，下部重力式桥墩，桥长80m，宽5m。大梁有横向位移，T梁中间有轻微裂纹。震害等级为严重破坏。

照片 3-210 铁路桥

照片 3-211 大梁有横向位移

3.4.45 安昌二桥（安州大桥）（汶川地震）

安昌二桥（地震烈度Ⅸ度），位于绵阳市安县境内成青路跨安昌河，建于1995年，结构类型上部为中承式拱桥（钢筋混凝土箱拱）纵向T梁，下部双钢筋混凝土柱，桥长120m，宽12m。桥面开裂，部分露筋；斜支撑贯穿裂缝，主拱桥面处贯穿裂缝，主拱拱脚裂缝。震害等级为严重破坏。

照片 3-212 安昌二桥

照片 3-213 桥面拉杆处横向开裂

照片 3-214 斜支撑贯穿裂缝

照片 3-215 主拱拱脚裂缝

3.4.46 黄金堰桥（汶川地震）

黄金堰桥（地震烈度Ⅸ度），位于绵阳市安县境内成青路，建于1998年12月，结构形式为上承式实腹无铰石板拱桥，荷载等级：公路Ⅰ级；跨径：1×10m；桥长：33.73m；桥宽：16.0m；矢跨比：1/3。桥台发生贯通裂缝；主拱圈发生裂缝；桥面破碎；栏杆严重外倾。震害等级为严重破坏。

照片 3-216 黄金堰桥

照片 3-217 桥台自主拱竖向贯通裂缝

照片 3-218　桥面破碎

照片 3-219　栏杆外倾

3.4.47 友谊桥（汶川地震）

友谊桥（地震烈度Ⅸ度），位于绵阳市安县安梓路黄土镇友谊村，建于1967年1月，结构形式为上承式实腹无铰石板拱桥。跨径：1×15m；桥长：17.5m；桥宽：7.0m；矢跨比：1/5。主拱横向贯通裂缝；侧墙斜裂缝。震害等级为严重破坏。

照片3–220 侧墙多处开裂

照片3–221 主拱横向贯通裂缝

3.4.48 S105 二号桥（汶川地震）

S105 二号桥（地震烈度Ⅸ度），位于绵阳市安县成青路，建于 2002 年 7 月，结构形式为钢筋混凝土上承式简支空心板梁，荷载等级：公路Ⅰ级；跨径：2×20m；桥长：52.04m；桥宽：12m。侧墙严重开裂；桥墩挡块破裂；路桥连接处路面混凝土开裂；伸缩缝错台、拉开；桥面一处横向开裂，宽 3mm。震害等级为严重破坏。

照片 3-222　S105 二号桥

照片 3-223　侧墙严重开裂

照片 3-224　伸缩缝拉开

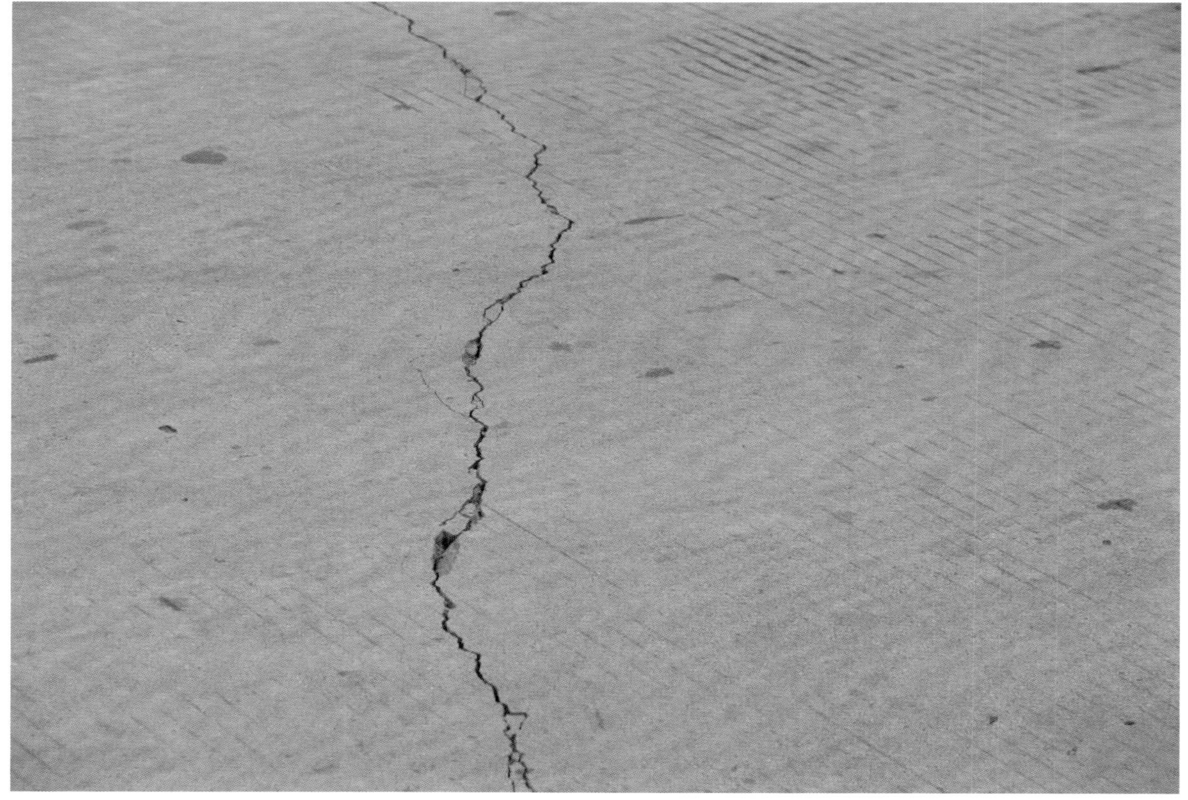

照片 3-225　桥面一处横向开裂，宽 3mm

3.4.49 梓潼大桥（汶川地震）

梓潼大桥（地震烈度Ⅸ度），位于绵阳市安县桑绵路，建于1975年1月，结构形式：钢筋混凝土空腹式双曲拱桥，荷载等级：汽–15级；跨径：3×42.5m；桥长：145m；桥宽：7.5m。腹拱顶横向贯通裂缝；路桥连接处混凝土开裂；人行道纵向开裂；栏杆局部破损露筋。震害等级为严重破坏。

照片3–226 梓潼大桥

照片3–227 腹拱顶横向贯通裂缝

照片 3-228　人行道纵向开裂

照片 3-229　栏杆局部破损露筋

3.4.50 睢水关大桥（汶川地震）

睢水关大桥（地震烈度Ⅸ度），位于绵阳市安县桑绵路。结构形式：钢筋混凝土中承式拱桥，荷载等级：汽—20级；跨径：1×60m；桥长：71.2m；桥宽：18m。牛腿混凝土破损，露筋锈蚀；横梁竖向裂缝；伸缩缝严重破坏。震害等级为严重破坏。

照片 3-230 睢水关大桥

照片 3-231 横梁竖向裂缝

照片 3-232 牛腿混凝土破损，露筋锈蚀

照片 3-233 伸缩缝严重破坏

3.4.51 千佛桥（汶川地震）

千佛桥（地震烈度Ⅸ度），位于绵阳市安县桑绵路，建于2001年。结构形式：钢筋混凝土简支板梁桥，荷载等级：公路Ⅱ级；跨径：8×20m；桥长：175.5m。锥坡严重开裂；桥台侧墙开裂；挡块严重开裂；路桥连接处路面开裂；伸缩缝错台、挤压；栏杆破损。震害等级为严重破坏。

照片 3-234 千佛桥

照片 3-235 挡块严重开裂

照片 3-236　桥台侧墙开裂、锥坡开裂

照片 3-237　伸缩缝错台、挤压

3.4.52 白沙河桥（汶川地震）

白沙河桥（地震烈度Ⅸ度），位于都江堰虹口乡深溪村。结构类型上部为7跨 ×5m 混凝土预制板梁，3跨 ×12m 混凝土空心板梁，下部重力式桥墩，桥长 111m，宽 7m。墩石脱落，部分桥墩开裂，部分桥墩塌角。震害等级为严重破坏。

照片 3-238 白沙河桥

照片 3-239 墩石脱落

照片 3-240 墩身开裂

照片 3-241 墩脚开裂，砌石脱落

3.4.53 甘沟 3# 桥（汶川地震）

甘沟 3#桥（地震烈度Ⅸ度），位于都江堰龙池镇。结构类型上部为钢筋混凝土预应力连续箱梁，下部双柱钢筋混凝土桥墩，桥长 48m，宽 7m。上部结构大梁整体横向位移，桥头搭板移动。震害等级为严重破坏。

照片 3-242 甘沟 3#桥

照片 3-243 桥头搭板移动

照片 3-244 上部结构大梁整体横向位移

3.4.54 青城 5# 桥（汶川地震）

青城 5# 桥（地震烈度Ⅸ度），位于都江堰市西南。结构类型上部为预应力钢筋混凝土单箱双悬臂梁，下部双柱钢筋混凝土桥墩，桥长 42m，宽 7m。大梁在桥墩支撑处混凝土开裂剥落。震害等级为严重破坏。

照片 3-245 大梁在桥墩支撑处混凝土开裂剥落

3.4.55 齐福大桥（汶川地震）

齐福大桥（地震烈度Ⅸ度），位于绵竹市孝德镇跨射水河。结构类型上部为井格框架简支梁，下部重力式桥墩。梁端垫块破损。震害等级为严重破坏。

照片 3–246 齐福大桥

照片 3–247 混凝土块支座破坏

3.4.56 射水河大桥（汶川地震）

射水河大桥（地震烈度Ⅸ度），位于绵竹市孝德镇成青路跨射水河，建于1985年。结构类型上部为5×20m钢筋混凝土T梁，下部钢混结构，桥长120m，宽10m。伸缩缝破坏，部分护栏破损，大部分支座破损。震害等级为严重破坏。

照片3–248 射水河大桥

照片3–249 支座换后情况

照片 3-250　伸缩缝受损情况

照片 3-251　部分护栏破损

3.4.57 绵远河大桥（汶川地震）

绵远河大桥（地震烈度Ⅸ度），位于绵竹市富新镇桑绵路跨绵远河上，结构类型上部为钢筋混凝土T梁，下部双柱式钢混桥墩，桥长375m，宽12.5m。桥面系发生扭转，桥台锥体破损，梁端支座发生位移。震害等级为严重破坏。

照片 3-252 绵远河大桥

照片 3-253 桥台破坏

照片 3-254　桥头桥面处碰撞

照片 3-255　桥头与桥面连接处位错位

3.4.58 汉旺绵远河大桥（汶川地震）

汉旺绵远河大桥（地震烈度Ⅸ度），位于绵竹市富新镇德茂路跨绵远河上，结构类型上部为预应力T简支梁，下部钢混结构。桥台开裂，大梁支座移位。震害等级为严重破坏。

照片 3-256 桥面位移

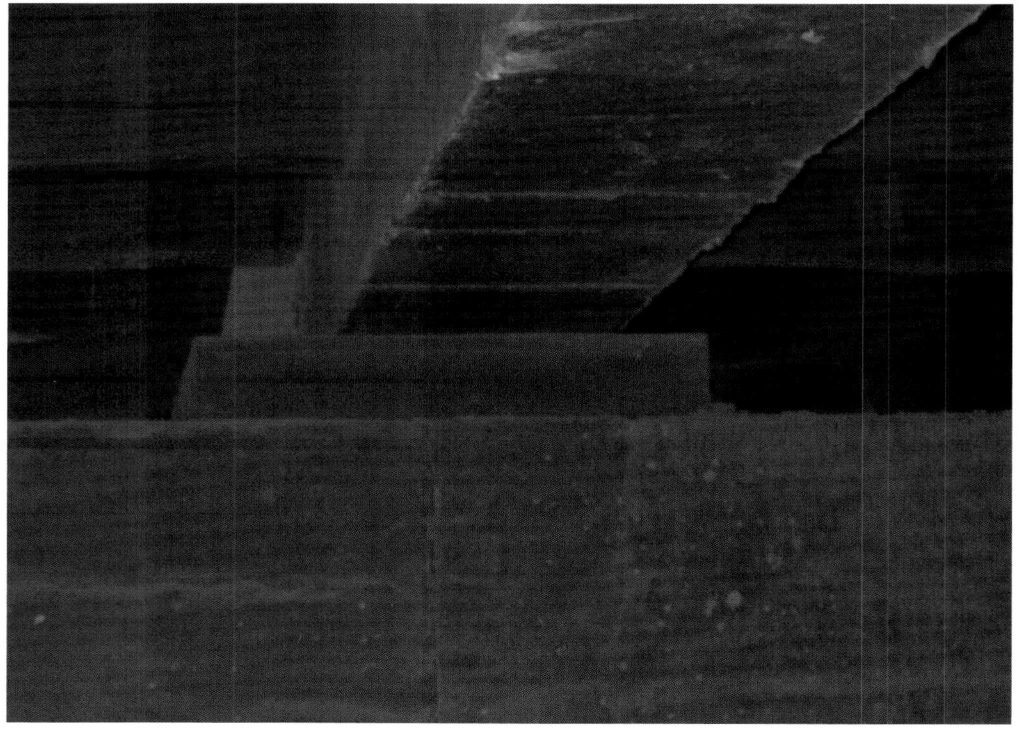

照片 3-257 桥墩支座位移 10cm

照片 3-258　桥台破坏

3.4.59 武新路马尾河桥（汶川地震）

武新路马尾河桥（地震烈度Ⅸ度），位于绵竹市城东新区武新路，建于1970年。结构类型上部为3×20m钢筋混凝土斜交梁桥，下部，桥长60m，宽12m。挡块移位开裂；桥面沉陷。震害等级为严重破坏。

照片3-259 挡块破坏

照片3-260 桥面陷塌40cm

照片 3-261　桥头右移 80cm

照片 3-262　桥面错位 40cm

3.4.60 成青立交桥（汶川地震）

成青立交桥（地震烈度Ⅸ度），位于绵竹市区内成青路跨越铁路线上。结构类型上部为钢混简支梁，下部钢混结构。桥面系横向开裂，桥面系纵向开裂，桥台锥坡部分塌落。震害等级为严重破坏。

照片 3-263 耳墙破坏

照片 3-264 引道护坡破坏

照片 3-265 引桥桥面裂缝

3.4.61 柿子坪桥（汶川地震）

柿子坪桥（地震烈度Ⅸ度），位于什邡市红白镇柿子坪村广汉至青牛沱。结构类型上部为钢混板梁，下部钢混结构，桥长 8m，宽 6.5m。桥台移位，挡块脱落；桥台开裂。震害等级为严重破坏。

照片 3-266 柿子坪桥

3.4.62 白水河大桥（汶川地震）

白水河大桥（地震烈度Ⅺ度），位于彭州市境内龙门山镇白水河上。结构类型上部为 5 梁 ×8 跨 ×16m 钢筋混凝土 T 梁，下部单钢筋混凝土柱，桥长 128m，宽 6m。山区方向第二立柱剪断开裂，第六立柱盖梁结点开裂。震害等级为严重破坏。

照片 3-267　白水河大桥

照片 3-268　山区方向第二墩柱剪断开裂

3.4.63 巴曲河桥（玉树地震）

巴曲河桥（地震烈度Ⅸ度），位于国道西景（G214）线的青海玉树结古镇环城路段。结构类型为连续曲线简支梁桥，下部结构为钢筋混凝土桥墩。桥梁上部结构向西水平错动 50cm；上下行线桥梁中间最大缝隙宽约 60cm；支座脱落、破坏；钢筋混凝土防止落梁装置破坏；由于梁端与桥台碰撞而导致梁端破坏。震害等级为严重破坏。

照片 3-269 上下行线中间出现大缝隙

照片 3-270　防止落梁装置破坏

3.4.64 禅古村桥（玉树地震）

禅古村桥（地震烈度Ⅸ度），位于青海玉树结古镇城区内，结构类型为三跨简支梁桥，下部结构为单柱钢管混凝土桥墩，桥宽约 4.8m，桥长约 45m。上部结构水平位移约 70cm，连接处水平裂缝 23cm，垂直位移 5cm；一根主梁位于桥墩横梁之外，处于悬空状态；主梁端部有裂缝，宽度约 0.3cm；支座脱落、破坏；钢管混凝土桥墩存在塑性位移、倾斜；防止落梁装置破坏；梁端与桥台存在由于碰撞而导致的破坏，错台高度约 10cm。震害等级为严重破坏。

照片 3-271　禅古村桥

照片 3-272 桥梁严重移位

3.4.65 高速公路跨线桥（土耳其伊兹米特地震）

高速公路跨线桥（地震烈度Ⅸ度），位于萨潘贾湖以东、阿勒菲耶村西南，结构类型为钢筋混凝土简支梁桥，跨线桥主桥四跨，钢筋混凝土桥墩，混凝土桥面，引桥为混凝土排架填充砌石。由于地表断裂带穿越桥址，地面发生大的水平及垂直变位（水平位移大于3m，垂直位移0.6m），引桥桥面发生不均匀沉陷，砌石开裂，主桥梁板跨落梁。震害等级为毁坏。

照片 3-273 主桥梁板跨落梁

3.4.66 跨河桥（土耳其伊兹米特地震）

跨河桥（地震烈度Ⅸ度），位于格尔尼克～萨潘贾公路旁、萨潘贾湖东，结构类型为混凝土桥板简支梁桥。桥头地基发生大幅沉降和开裂，河岸遍布纵向裂缝，泥土滑向河中；桥梁折断、塌入河中。震害等级为毁坏。

照片 3–274 桥梁垮塌

3.4.67 回澜立交桥（汶川地震）

回澜立交桥（地震烈度Ⅸ度），位于绵竹市区内绵竹环城路。结构类型上部为连续箱梁，下部钢混结构。匝道桥桥墩严重破坏，匝道梁体有轻微开裂，台背和侧墙损坏。震害等级为毁坏。

照片 3–275 桥墩支座损坏

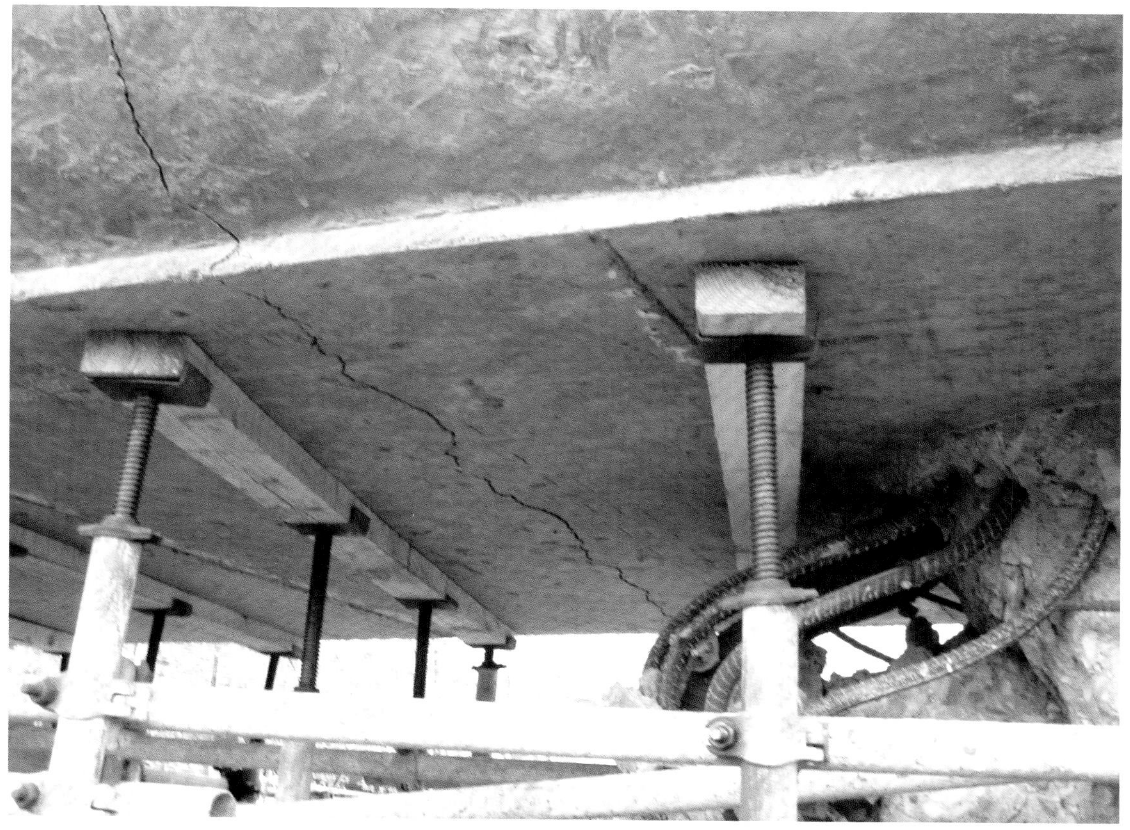

照片 3-276 桥梁上部结构裂缝

照片 3-277 桥台与桥结构分离

照片 3-278　曲率最大处桥墩破坏，箍筋拉断

3.4.68　辕门大桥（汶川地震）

辕门大桥（地震烈度Ⅸ度），位于绵阳市安县境内成青路，结构类型上部为素混凝土预制块拱桥，下部素混凝土预制块拱桥，桥长 75m，宽 6m。主拱垮塌，附拱拱顶开裂变形。震害等级为毁坏。

照片 3-279　桥梁垮塌

照片 3-280 附拱拱顶开裂变形

3.4.69 高原大桥（汶川地震）

高原大桥（地震烈度Ⅺ度），位于都江堰虹口乡高原村，大桥横跨白沙河，结构类型上部为8梁×4跨×25m预应力简支箱梁，下部双钢筋混凝土柱，桥长100m，宽8m。震害等级为毁坏。震害现象：一跨垮塌，一排墩柱倾斜，桥头搭板起拱，部分挡块脱落，桥台侧墙开裂。

照片 3-281 高原大桥

照片 3-282 一跨垮塌

照片 3-283 墩柱倾斜

照片 3-284 桥头搭板起拱

3.4.70 甘沟 1# 桥（汶川地震）

甘沟 1#桥（地震烈度Ⅸ度），位于都江堰龙池镇。结构类型上部为预应力简支箱梁，下部双柱钢筋混凝土桥墩，桥长 24m，宽 7m。山体滑坡，掩埋了一跨，桥头搭板轻微起拱。震害等级为毁坏。

照片 3-285 甘沟 1#桥

照片 3-286 山体滑坡掩埋了一跨

3.4.71 汉旺绝缘桥（汶川地震）

汉旺绝缘桥（地震烈度Ⅸ度），位于绵竹市富新镇德茂复线绵远河上。结构类型上部为T形筒支梁，下部重力式桥墩，桥长150m，宽6.4m。3个桥墩损毁，4跨塌落，1跨大梁扭转，桥墩开裂。震害等级为毁坏。

照片 3-287 汉旺绝缘桥

照片 3-288 重力式混凝土桥墩折断

照片 3-289 重力式混凝土桥墩开裂

照片 3-290　桥面错开位移

3.4.72　迎新桥（汶川地震）

迎新桥（地震烈度Ⅸ度），位于什邡市境内广青路跨石亭江。结构类型上部为石拱桥，下部条石桥台。震后坍塌。震害等级为毁坏。

照片 3-291　广汉至青牛沱公路迎新桥倒塌

3.4.73　红东大桥（汶川地震）

红东大桥（地震烈度Ⅸ度），位于什邡市红白镇广汉岳家山线跨石亭江。结构类型上部为主拱：钢筋混凝土箱型拱，附拱：条石拱，下部条石桥台，桥长 80m，宽 6.5m。震后坍塌。震害等级为毁坏。

照片 3-292　广青公路红东大桥垮塌

3.4.74 小鱼洞大桥（汶川地震）

小鱼洞大桥（地震烈度Ⅹ度），位于彭州市境内彭州至龙门山镇（小鱼洞镇境内），建于1999年。结构类型4跨刚构（肋）拱桥，桥长120m，宽12m。南侧起2跨整体坍塌，桥墩倾斜并伴有基础破坏，北侧2跨整体破坏，北侧第1跨肋拱、腹杆剪切破坏，腹杆顶部节点剪切破坏，拱圈（肋）剪切破坏。震害等级为毁坏。

照片 3-293　北侧2跨的整体破坏

照片 3-294　北侧第1跨肋拱、腹杆剪切破坏

照片 3-295　南侧 2 跨整体坍塌

照片 3-296　桥墩倾斜及基础破坏

3.4.75 百花大桥（汶川地震）

百花大桥（地震烈度Ⅺ度），位于汶川县漩口镇和映秀镇交界处的牛圈沟口附近，岷江右岸，是国道213线通往阿坝州的必经之路，横跨紫坪铺水库。曲线连续梁+直线连续梁式桥，平面成S型，双柱式圆形墩，全长500m，2004年建成通车。主梁纵、横向移位及碰撞，盖梁挡块破坏，桥墩发生弯曲和剪切破坏，桥梁第5联完全倒塌（5跨曲线梁整体性垮塌）。震害等级为毁坏。

照片 3-297 百花大桥

照片 3-298 第5联完全倒塌

照片 3-299　第 5 联完全倒塌

照片 3-300　第 5 联折断倒塌的桥墩

照片 3-301　第 7 号桥墩墩底破坏，钢筋外露

照片 3-302 桥墩严重移位

照片 3-303 第 6 号桥墩中部破坏

照片 3-304 支座滑出，梁体悬空

照片 3-305 第 6 联梁体纵移 70cm，与桥台之间的伸缩缝破坏

3.4.76 庙子坪岷江特大桥（汶川地震）

庙子坪岷江特大桥（地震烈度X度），位于国道317（213）线都江堰至映秀高速公路上，跨越岷江及紫坪铺水库，属都江堰市紫坪铺镇。大桥全长1436m，分为主跨桥和引桥两部分，引桥均由单孔跨度为50m的连续梁桥构成，共19孔，分为5联，主桥则设计为主跨220m的3孔连续钢构。第10跨引桥落梁，主桥、引桥纵、横向位移，挡块破坏。震害等级为毁坏。

照片3-306 庙子坪岷江特大桥

照片3-307 第10跨引桥落梁

照片3-308 主桥纵横向位移

照片 3-309　第 10 跨引桥落梁

照片 3-310 T 梁坠落时损坏的 11 号桥墩盖梁

照片 3-311 桥梁挡块破坏

3.4.77 彻底关大桥（汶川地震）

彻底关大桥（地震烈度Ⅺ度），位于G213线映秀至汶川公路上，汶川县银杏乡，跨越岷江。简支梁式桥，双柱式圆形墩。第1~3跨梁体受山体崩塌而完全倒塌。震害等级为毁坏。

照片 3–312 第1~3跨遭受巨石撞击而完全倒塌

照片 3–313 桥梁挡块破坏，桥墩被巨石砸坏

3.4.78 南坝新桥（汶川地震）

南坝新桥（地震烈度Ⅹ度），位于S105线彭州经北川至青川公路，平武县南坝镇，跨越涪江。简支梁桥，双柱式圆形墩。大部分梁板坠落，桥墩倾斜。震害等级为毁坏。

照片3-314至照片3-315 大部分梁板坠落，桥墩倾斜

3.4.79 龙尾大桥（汶川地震）

龙尾大桥（地震烈度Ⅺ度），位于S302线江油经北川至茂县公路，北川县城。11跨桥面连续简支梁桥，双柱式桥墩，有盖梁，龙尾大桥桥址处场地液化。主梁纵、横向移位，横向移位可达2m以上，挡块毁坏，部分主梁落梁；因横向移位不同，桥面纵向呈弯曲状；远离北川的第7跨桥墩显著倾斜接近倒塌。震害等级为毁坏。

照片3-316至照片3-318 桥墩严重倾斜，梁体横向严重位移，多跨桥梁发生落梁

3.4.80 罗旋沟桥（汶川地震）

罗旋沟桥（地震烈度Ⅸ度），位于甘肃文县碧口镇和四川青川县的交界处，是国道212线通往四川省的重要桥梁。1998年修建，40m单跨钢筋混凝土板拱桥。2008年8月5日，罗旋沟大桥在6.1级的强余震中垮塌。震害等级为毁坏。

照片3-319至照片3-320 地震前后的罗旋沟大桥

第4章 燃气系统

燃气系统由气源厂——门站设施——输气管道——用户等组成，燃气设备及输气管线等的地震破坏不但会造成直接经济损失和供气中断，还可能由于燃气泄漏导致火灾、爆炸等次生灾害。

燃气管道多采用抗震性能较好的材料制作。自2000年以来，燃气管道除主要采用钢管外，PE管应用越来越多。震害表明：钢管和PE管的抗震性能优于铸铁管、铝塑管等，且PE管优于钢管。

震害表明：长输管线多因地震地质灾害而破坏；庭院管网中钢管、镀锌钢管、铝塑管和PE管的破坏多因建筑物倒塌或管道与墙体相互作用所致。

燃气管道的主要破坏形式和供水管道相同，主要为管线接口破坏（钢管焊缝开裂，法兰螺栓松动或断裂，PE管的热熔接口破坏等），管体破坏（管体裂缝，折断等）和连接破坏（三通接头、阀门、管道天地连接处及管道与建构筑物连接处的破坏）等三种基本类型。

考虑燃气泄漏的危险性，根据燃气系统工程设施设备的破坏程度及修复难易程度，将除管道之外的燃气设施的破坏划分为三级：基本完好、中等破坏和毁坏。管道地震破坏等级的划分与供水管道情况相同，也只分为完好和破坏两个等级。

本章共选编震害照片40幅（汶川地震），其中：室内管道震害5幅，庭院管道震害8幅，输配干管震害6幅，长输管线震害2幅；燃气调压设施震害6幅，阀门（井）震害2幅，气表等设备震害6幅；门站、配气站等场站震害5幅。

4.1 燃气管道

4.4.1 室内管道

照片 4-001 德阳中江县（地震烈度Ⅶ度），室内水平干管管卡失效，震害等级为完好（汶川地震）

照片 4-002 德阳中江县（地震烈度Ⅶ度），室内立管三通开裂、漏气。震害等级为破坏（已修复照片）（汶川地震）

照片 4-003　德阳中江县（地震烈度Ⅶ度），室内立管阀门丝扣连接破损、漏气，震害等级为破坏（已修复照片）（汶川地震）

照片 4-004　德阳中江县（地震烈度Ⅶ度），室内管道弯头破损、漏气，震害等级为破坏（已修复照片）（汶川地震）

照片 4-005 绵阳梓潼县（地震烈度Ⅶ度），室内燃气立管与地面连接处震坏、漏气，震害等级为破坏（汶川地震）

4.4.2 庭院管道

照片 4-006 德阳市（地震烈度Ⅶ度），燃气庭院埋地管道破裂导致漏气，震害等级为破坏（已修复照片）（汶川地震）

照片 4-007 绵阳江油市（地震烈度Ⅷ度），埋地管道破裂漏气，
震害等级为破坏（修复施工照片）（汶川地震）

照片 4-008 绵阳市（地震烈度Ⅶ度），入户管阀门丝扣连接破损，
震害等级为破坏（汶川地震）

照片 4-009 都江堰市（地震烈度Ⅸ度），幸福大道进户立管接口断裂，震害等级为破坏（汶川地震）

照片 4-010　德阳绵竹市（地震烈度Ⅸ度），进户管道因建筑物破坏而损毁，震害等级为破坏（汶川地震）

照片 4-011　广元市（地震烈度Ⅷ度），雪峰 3 组入户 PE 管因掉落物砸坏漏气，震害等级为破坏（汶川地震）

照片 4-012 广元市剑阁县（地震烈度Ⅶ度），管卡失效、弯头破裂漏气，震害等级为破坏（汶川地震）

照片 4-013 绵阳市（地震烈度Ⅶ度），入户立管三通丝扣连接断裂，震害等级为破坏（汶川地震）

4.4.3 输配干管

照片 4-014 成都市（地震烈度Ⅵ度），洞子口府河过河管道 D219 支撑松动，震害等级为完好（汶川地震）

照片 4-015 德阳市（地震烈度Ⅶ度），燃气钢管破裂、漏气，震害等级为破坏（已修复照片）（汶川地震）

照片 4-016 德阳市（地震烈度Ⅶ度），燃气干管（钢管）管径变化处焊接接口破裂漏气，震害等级为破坏（修复施工照片）（汶川地震）

照片 4-017　绵阳市（地震烈度Ⅶ度），游仙镇玻璃厂地下燃气中压管道破裂漏气，震害等级为破坏（已修复照片）（汶川地震）

照片 4-018　德阳什邡市（地震烈度Ⅷ度），燃气 PE 管道三通破裂漏气，震害等级为破坏（修复施工照片）（汶川地震）

照片 4-019 绵阳平武县（地震烈度Ⅷ度），输配干管过河管道断裂，
震害等级为破坏（汶川地震）

4.4.4 长输管线

照片 4-020 广元市剑阁县（地震烈度Ⅶ度），燃气长输管线局部保护层破损、管道弯曲，震害等级为完好（汶川地震）

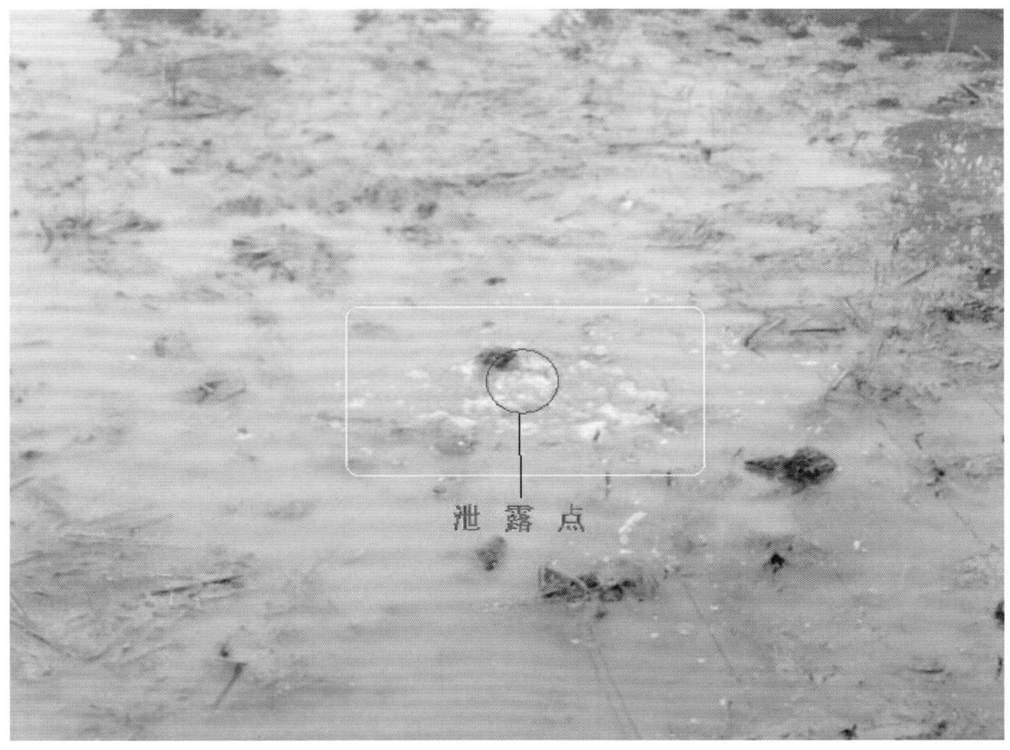

照片 4-021 绵阳市（地震烈度Ⅶ度），长输管道（梓绵线）破裂漏气，震害等级为破坏（汶川地震）

4.2 燃气设施

4.2.1 调压设施

照片 4-022 绵阳梓潼县（地震烈度Ⅶ度），调压箱因固定件松动而倾斜，震害等级为基本完好（汶川地震）

照片 4-023 德阳市（地震烈度Ⅶ度），调压器漏气，震害等级为中等破坏（汶川地震）

照片 4-024 成都市（地震烈度Ⅵ度），沙子堰西巷 5 号调压箱漏气、箱门掉落，震害等级为中等破坏（汶川地震）

照片 4-025 都江堰市（地震烈度Ⅸ度），解放小区调压阀法兰连接错断，震害等级为毁坏（汶川地震）

照片 4-026 都江堰市（地震烈度Ⅸ度），解放小区调压阀的丝扣连接错断，震害等级为毁坏（汶川地震）

照片 4-027　广元市青川新城（地震烈度Ⅷ度），调压阀因建筑物倒塌砸坏，震害等级为毁坏（汶川地震）

4.2.2　阀门（井）

照片 4-028　绵阳市（地震烈度Ⅶ度），燃气管道阀门漏气，震害等级为中等破坏（汶川地震）

照片 4-029 德阳绵竹市（地震烈度Ⅸ度），阀门井因建筑物倒塌砸坏，震害等级为毁坏（汶川地震）

4.2.3 气表等燃气设施

照片 4-030 德阳什邡市（地震烈度Ⅷ度），燃气计量仪表因固定件破坏而倾斜，震害等级为基本完好（汶川地震）

照片 4-031　德阳中江县（地震烈度Ⅶ度），气表倾斜，
震害等级为基本完好（汶川地震）

照片 4-032　广元市（地震烈度Ⅷ度），上西工行燃气表进气管漏气，
震害等级为中等破坏（汶川地震）

照片 4-033　绵阳梓潼县（地震烈度Ⅶ度），燃气表外盒因建筑掉落物砸坏、气表漏气，震害等级为中等破坏（汶川地震）

照片 4-034　广元市剑阁县（地震烈度Ⅶ度），入户燃气管弯折、燃气设施掉落并破损，震害等级为毁坏（汶川地震）

照片 4-035　绵阳三台县（地震烈度Ⅶ度），糖酒大楼气表坠落破坏，震害等级为毁坏（汶川地震）

4.3　门站、配气站等

照片 4-036　绵阳市（地震烈度Ⅶ度），东门输配站部分设施损坏漏气，震害等级为中等破坏（已修复照片）（汶川地震）

照片 4-037　德阳绵竹市（地震烈度Ⅸ度），龙桥配气站燃气设施漏气，震害等级为中等破坏（已修复照片）（汶川地震）

照片 4-038　绵阳梓潼县（地震烈度Ⅶ度），门站部分设施损坏漏气，震害等级为中等破坏（已修复照片）（汶川地震）

照片 4-039　绵阳平武县（地震烈度Ⅷ度），门站设施因建筑物倒塌被砸坏，震害等级为毁坏（汶川地震）

照片 4-040　绵阳平武县（地震烈度Ⅷ度），门站设施因建筑物倒塌被砸坏，震害等级为毁坏（汶川地震）

第5章 通信系统

通信系统分为有线和无线通信两大类。系统由通信枢纽建筑、通信设备、传输线路和基站设施等组成，破坏性地震中通信系统功能中断会降低地震救援效率，加重地震灾害。

通信系统的震害包括通信枢纽建筑、基站房屋、通信设施设备和传输光缆及通信杆路等震害。

通信设备的震害主要源于设备浮放或固定不牢，致使设备产生滑移和倾覆；顶部有支撑的设备或有连接的一列设备，也可能因撑杆失稳、底部螺栓拉脱、剪断导致设备倾斜甚至倾覆；通信设备常因所在建筑物倒塌而被砸坏。通信铁塔可能因山体滑坡或其支撑建筑物倒塌而倾倒或折断，铁塔构件可能因地震作用而失稳。传输光缆多因通信铁塔或通信杆路的破坏而被拉断。通信混凝土杆可能因山体滑坡而倾倒或折断、或被相邻倒塌建筑物砸断。

通信基站、通信设施设备、传输光缆及通信杆路等的破坏等级划分如下：

根据《建（构）筑物地震破坏等级划分（GB/T 24335—2009）》，将通信系统建筑物的破坏等级划分为五个等级：基本完好、轻微破坏、中等破坏、严重破坏和毁坏。根据通信系统工程设施设备的破坏程度、维修难易程度以及是否具有修复价值，将通信设备、铁塔的破坏等级划分为三级：基本完好、中等破坏和毁坏；本章将具体部位的传输光缆及通信杆路的破坏等级划分为二级：基本完好和毁坏；未依据《生命线工程地震破坏等级划分（GB/T 24336—2009）》对通信线路按整条线路划分破坏等级。

本章共选编震害照片44幅，其中：通信建筑物震害16幅（汶川地震14幅，玉树地震2幅）；通信设备震害9幅（汶川地震），蓄电池组震害6幅（汶川地震）；通信铁塔震害9幅（汶川地震8幅，玉树地震1幅）；传输光缆和通信杆路震害4幅（汶川地震3幅，玉树地震1幅）。

5.1 通信建筑

照片 5-001 德阳移动枢纽楼（地震烈度Ⅶ度），钢筋混凝土框架结构。内部装饰层受损，楼内墙体有裂缝；震害等级为基本完好（汶川地震）

照片 5-002 绵竹医药公司基站（地震烈度Ⅸ度），钢筋混凝土框架结构。基本无震损，震害等级为基本完好（汶川地震）

照片 5-003 广元南风苑基站（地震烈度Ⅷ度），钢筋混凝土框架结构。
窗下墙裂缝；震害等级为轻微破坏（汶川地震）

照片 5-004　江油市城区职中基站房屋（地震烈度Ⅷ度），钢筋混凝土框架结构。
墙体有多处裂缝，但无结构性裂缝；震害等级为轻微破坏（汶川地震）

照片 5-005 德阳黄许合作营业厅基站房屋（地震烈度为Ⅶ度），钢筋混凝土框架结构。第一和二层框架柱与墙体节点处竖向裂纹，屋顶围墙倒塌，填充墙有裂缝，梁柱等结构构件未破坏；震害等级为轻微破坏（汶川地震）

照片 5-006　德阳城区 G1 机房（地震烈度Ⅶ度），钢筋混凝土框架结构。西楼五层山墙出现斜裂纹（未贯通），东、西楼沉降缝处损伤，东楼四层楼梯间填充墙开裂，水平梁存在贯通裂缝；钟楼装饰柱折断；震害等级为轻微破坏（汶川地震）

照片 5-007　江油农机基站房屋（地震烈度Ⅷ度），钢筋混凝土框架结构。填充墙倒塌；震害等级中等破坏（汶川地震）

照片 5-008　绵阳安县 609 基站房屋（地震烈度Ⅷ度），砖混结构。承重墙、砖柱斜裂缝；震害等级为严重破坏（汶川地震）

照片 5-009　什邡城区邮电大楼（地震烈度Ⅵ度），钢筋混凝土框架结构。窗间 X 形裂缝贯通，抹灰层脱落；震害等级为严重破坏（汶川地震）

照片 5-010 汶川草坡基站（地震烈度Ⅹ度），砖混结构。房屋底层承重墙体贯通裂缝；震害等级为严重破坏（汶川地震）

照片 5-011　中国电信玉树分公司通信楼（地震烈度Ⅸ度），砖混结构。通信楼结构损坏严重，外墙瓷砖大面积掉落；震害等级为严重破坏（玉树地震）

照片 5-012　中国联通玉树分公司主楼（地震烈度Ⅸ度），砖混结构。主体结构破坏严重，窗间墙大裂缝；震害等级为严重破坏（玉树地震）

照片 5-013、5-014　青川 1 号基站机房（地震烈度Ⅸ度），钢筋混凝土框架结构。填充墙 X 形裂缝严重，空调机脱落，承重柱被斜向剪断，钢筋外露；震害等级为毁坏（汶川地震）

照片 5-015 绵竹市汉旺中心基站（地震烈度X度），砖混结构。一层楼梯垮塌，承重墙体开裂，基站废弃；震害等级为毁坏（汶川地震）

照片 5-016 汶川 3 号基站（地震烈度Ⅷ度），山体滑坡毁坏机房和设备；震害等级为毁坏（汶川地震）

5.2 通信设备

5.2.1 通信设备

照片 5-017 德阳移动枢纽楼的通信设备（地震烈度Ⅶ度），震害等级为基本完好（汶川地震）

照片 5-018　绵阳市安县 609 基站的通信设备（地震烈度Ⅷ度），震害等级为基本完好（汶川地震）

照片 5-019　绵阳安县后庄基站机房（地震烈度Ⅶ度），机房地基沉陷、设备倾斜，震害等级为中等破坏（汶川地震）

照片 5-020 绵竹遵道镇基站设备（地震烈度Ⅸ度），震害等级为基本完好（汶川地震）

照片 5-021 广元东街口基站通信设备（地震烈度Ⅷ度），通信设备移位、柜门掉落，震害等级为中等破坏（汶川地震）

照片 5-022 什邡红白镇峡马口基站通信设备（地震烈度X度），机房地面沉降导致通信设备故障，震害等级为中等破坏（汶川地震）

照片 5-023　江油市城区职中基站通信设备（地震烈度Ⅷ度），电池架倒塌导致电源柜短路，震害等级为毁坏（汶川地震）

照片 5-024　什邡市湔氐镇基站通信设备（地震烈度Ⅸ度），因建筑物倒塌、通信设备全部被砸坏，震害等级为毁坏（汶川地震）

照片 5-025 汶川绵篪镇羌丰基站通信设备（地震烈度Ⅷ度），因机房倒塌和火灾全部损坏，震害等级为毁坏（汶川地震）

5.2.2 蓄电池组

照片 5-026 德阳城区 G1 机房蓄电池组（地震烈度Ⅶ度），震害等级为基本完好（汶川地震）

照片 5-027 江油市含增镇基站机房蓄电池组（地震烈度Ⅷ度），蓄电池组出现移位但未破坏，震害等级为基本完好（汶川地震）

照片 5-028 汶川草坡基站电池组（地震烈度Ⅹ度），蓄电池组移位、发生故障，震害等级为中等破坏（汶川地震）

照片 5-029　什邡红白镇峡马口基站蓄电池组（地震烈度Ⅹ度），蓄电池组移位、接线脱落，震害等级为中等破坏（汶川地震）

照片 5-030　卧龙基站蓄电池组（地震烈度Ⅸ度），电池架倒塌、电源短路，震害等级为毁坏（汶川地震）

照片 5-031　汶川绵篪镇羌丰基站蓄电池（地震烈度Ⅷ度），蓄电池短路起火，震害等级为毁坏（汶川地震）

5.3 通信铁塔

照片 5-032　茂县 3 号基站铁塔（地震烈度Ⅷ度），震害等级为基本完好（汶川地震）

照片 5-033　江油含增镇基站的房顶塔（地震烈度Ⅷ度），震害等级为基本完好（汶川地震）

照片 5-034 广元南风苑基站楼顶桅杆（地震烈度Ⅷ度），震害等级为基本完好（汶川地震）

照片 5-035 青海玉树结古镇（地震烈度Ⅸ度），从左至右分别为广播电视、中国移动、中国联通通信铁塔，震害等级为基本完好（玉树地震）

照片 5-036 茂县土门乡基站铁塔（地震烈度Ⅹ度），基站围墙倒塌，由于滑坡机房地基倾斜，铁塔接收天线震落，震害等级为中等破坏（汶川地震）

照片 5-037 江油小灵通基站的桅杆（地震烈度Ⅷ度），桅杆倾斜，震害等级为中等破坏（汶川地震）

照片 5-038 什邡红白镇峡马口基站铁塔（地震烈度Ⅹ度），由于地面沉降严重，铁塔基础歪斜，震害等级为中等破坏（汶川地震）

照片 5-039 汶川玉龙基站的铁塔（地震烈度Ⅷ度），铁塔被巨石崩塌砸塌，机房和设备轻微破坏，震害等级为毁坏（汶川地震）

照片 5-040　青川 1 号基站房顶塔（地震烈度Ⅸ度），位于山脊的铁塔在第 1 个平台处弯折，震害等级为毁坏（汶川地震）

5.4 传输光缆和通信杆路

照片 5-041 阿坝移动公司通信杆路和电缆，山区杆路通信光缆和杆路遭受滑坡和滚石而倒毁，震害等级为毁坏（汶川地震）

照片 5-042 汶川玉龙基站的传输光缆和通信杆路（地震烈度Ⅷ度），传输光缆和通信杆路被巨石崩塌砸断，震害等级为毁坏（汶川地震）

照片 5-043　江油市广播电视光缆，山区杆路广电通信光缆因滑坡和滚石而折断，震害等级为毁坏（汶川地震）

照片 5-044　通信光缆架空杆路，受滑坡影响通信光缆杆路倒塌、通信中断，震害等级为毁坏（玉树地震）

第6章 水利工程

水坝是水利工程的重要组成结构。水坝的地震破坏关系国计民生并可能引发水灾，因此倍受重视。

水坝震害多发于数量众多且抗震能力相对较差的土石坝。据国际大坝组织统计，全球目前有水坝超过80万座，其中土石坝所占比例约为83%；我国土石坝所占比例为95%以上，且大部分为设计、施工质量较差的中、小型土坝。

本章选编的全部为土石坝震害图片。土石坝地震震害多样，地震时多种震害现象常同时发生，根据引起震害的成因可以分为以下三类：一类是因断层错动造成的坝体震害；第二类是地震动造成的坝体震害；第三类是由于水库附属结构物损害对水坝造成的影响。总体而言，这三类震害主要表现为坝体裂缝、坝身滑坡、渗漏管涌、沉陷、隆起变形、喷水冒砂，防浪墙倒塌、护坡裂缝滑塌、附属设施震损等，其中最为常见震害现象为坝体裂缝（坝顶或坝肩的纵、横向裂缝）、坝身滑坡（上、下游坝坡）、渗漏（坝脚、坝肩两侧）和护坡裂缝等。

根据《生命线工程地震破坏等级划分（GB/T 24336—2009）》，将土石坝地震破坏划分为五个等级：基本完好、轻微破坏，中等破坏、严重破坏和毁坏。

本章共选编80座水库大坝震害照片82幅，其中：土坝震害78幅（汶川地震77幅，丽江地震1幅）；（钢筋）混凝土面板堆石坝震害4幅（汶川地震3幅，昆仑山口西地震1幅）。

6.1 均质土坝

6.1.1 吕家湾水库（汶川地震）

照片 6–001 绵阳市游仙区建华乡（地震烈度Ⅶ度），吕家湾水库，均质土坝，1991 ~ 1992 年建。①坝顶中部出现数条裂缝，长短不一，其中最大 1 条裂缝长 30m、宽 2~4cm；②最大坝高处下游坝脚震前渗水，震后稍增，但变化不明显；③多处表面交错裂缝；④与震前相比，溢洪道、放水涵管未发现异常情况，未发现大坝滑坡的迹象。震害等级为轻微破坏

6.1.2 马鸣寺水库（汶川地震）

照片 6–002 绵阳市游仙区梓棉乡（地震烈度Ⅶ度），马鸣寺水库，均质土坝，1963 年建。大坝左坝头附近 40m 范围内出现裂缝 9 条：①纵缝 5 条，长 5~15m，宽 2~10cm，深 0.5~1.5m；②横缝 3 条，长 1~3m，未贯穿上下游，宽 1~2cm，深 0.5~0.8m；③坝顶靠下游侧斜缝 1 条，长约 5m，宽 2~3cm，深约 0.8m；④泄洪涵洞、放水涵管未发现异常，未发现大坝滑坡的迹象，渗流也未发现异常情况。震害等级为轻微破坏

6.1.3 和平水库（汶川地震）

照片6−003 绵阳市游仙区新桥镇（地震烈度Ⅷ度），和平水库，均质土坝，1955年建。①纵向裂缝：地震后坝顶一带、前后缘各见一条断续长约35~45m、宽0.5~3cm、深度小于1m的纵向裂缝，裂缝两侧未见错动迹象；②横向裂缝：横向裂缝基本不发育，震后未形成贯穿坝体横向长大裂缝，并且在查勘期间库水位较高的情况下，坝后亦未有明显的渗水出现，故地震对大坝整体渗流影响不大。震害等级为轻微破坏

6.1.4 龙珠水库（汶川地震）

照片6−004 绵阳市游仙区忠兴镇（地震烈度Ⅷ度），龙珠水库，均质土坝，1957−1958年建。①坝后坡上部见一条纵向裂缝发育，在坝前坡见两条纵向裂缝，其中坝前坡裂缝，长度约45m，宽约3cm，最大深度1.2m左右，坝后坡裂缝，长约49m，宽约1cm，最大深度0.6m左右；②横向裂缝：坝顶一带尚发育一些斜、横向裂纹，规模较小，且未贯穿坝顶，分布在大坝左、右端头附近；③震后坝体内未出现横向贯通裂缝，坝后亦未见明显的渗、漏水现象。震害等级为轻微破坏

6.1.5 清洁沟水库（汶川地震）

照片 6–005 绵阳市游仙区忠兴镇（地震烈度Ⅷ度），清洁沟水库，均质土坝，1954 年建。①坝表面未见明显的纵、横裂缝出现，仅在坝顶中部和右侧（靠近溢洪道边墙）防浪墙（浆砌条石）上出现裂缝及砂浆脱缝，裂逢宽 1~5cm；②坝体内未出现横向贯通裂缝，坝后亦未见明显的渗、漏水现象。震害等级为轻微破坏

6.1.6 白岩水库（汶川地震）

照片 6–006 绵阳市梓潼县定远乡白岩村（地震烈度Ⅶ度），白岩水库，均质土坝。大坝出现裂缝。震害等级为轻微破坏

6.1.7 长岭水库（汶川地震）

照片 6-007 绵阳市梓潼县文昌镇长岭村（地震烈度Ⅶ度），长岭水库，1956~1957 年建，均质土坝。坝顶出现纵向裂缝。震害等级为轻微破坏

6.1.8 花莲寺水库（汶川地震）

照片 6-008 绵阳市梓潼县石牛镇（地震烈度Ⅶ度），花莲寺水库，均质土坝，1964 ~ 1965 年兴建。坝顶裂缝。震害等级为轻微破坏

6.1.9 宏仁堰水库（汶川地震）

照片 6-009 绵阳市梓潼县潼江河中游蓁龙乡老鸦洞（地震烈度Ⅶ度），宏仁堰水库，均质土坝，建于清末民初。大坝坝坡有裂缝。震害等级为轻微破坏

6.1.10 莲花水库（汶川地震）

照片 6-010 绵阳市梓潼县文昌镇（地震烈度Ⅶ度），莲花水库，均质土坝，1971 年建。坝顶裂缝。震害等级为轻微破坏

6.1.11 安家嘴水库（汶川地震）

照片 6-011 绵阳市梓潼县仙鹅乡高安村（地震烈度Ⅷ度），安家嘴水库，均质土坝，1979 ~ 1981 年兴建。防浪墙震损。震害等级为轻微破坏

6.1.12 回龙寺水库（汶川地震）

照片 6-012 绵阳市梓潼县自强镇长征村（地震烈度Ⅶ度），回龙寺水库，均质土坝，1958 ~ 1971 年兴建。坝顶裂缝。震害等级为轻微破坏

6.1.13 高安水库（汶川地震）

照片 6-013 绵阳市梓潼县仙鹅乡高安村（地震烈度Ⅷ度），高安水库，均质土坝，1971 年建。坝顶裂缝。震害等级为轻微破坏

6.1.14 黄家沟水库（汶川地震）

照片 6-014 绵阳市梓潼县小垭乡飞凤村 4 社（地震烈度Ⅷ度），黄家沟水库，均质土坝，1957 年建。坝顶裂缝。震害等级为轻微破坏

6.1.15 锁口堰水库（汶川地震）

照片 6-015 绵阳江油市新兴乡（地震烈度Ⅷ度），锁口堰水库，均质土坝，1977~1978 年建。①大坝中部坝顶中间出现长约 20~35m，缝宽 1~2cm，深度约 1m 的纵向裂缝，查看时裂缝已做嵌缝填塞土料处理，并用塑料薄膜全部覆盖；②位于大坝右侧的溢洪道侧墙及底板衬砌没有发现开裂或变形，基本没有震损，但溢洪道衬砌不完全；③位于大坝右侧的浆砌石梯级卧管放水设施可以放水使用，基本没有出现震损。震害等级为轻微破坏

6.1.16 太平水库（汶川地震）

照片 6-016 德阳市中江县太平乡（地震烈度Ⅵ度），太平水库，均质土坝，1958~1959 年建。①大坝有 6 条横向长裂缝，5 条基本贯穿，1 条在坡脚，其中 3 条表面已填补，长 20m 左右，宽 1~2cm；②左侧坝下游反压位置有 2 条横裂缝，长 15~20m，宽 1~2cm；③大坝下游坝坡侧 3 条纵向裂缝，一条靠近右岸溢洪道，长 15~20m，宽 2~3mm，与溢洪道左侧挡墙裂缝相连，一条靠右岸，长 4~5m，宽 2~3mm，一条在坝中放水涵管左侧，长 4~5m，宽 2~3mm。震害等级为中等破坏

6.1.17 新坪水库（汶川地震）

照片 6-017 德阳市中江县南华镇（地震烈度Ⅶ度），新坪水库，均质土坝，1959~1960 年建。①坝体上游面右侧护坡条石局部下挫，范围约 10~15m；②下游坝坡表部局部开裂，变形较严重，有少量滑移；③大坝右坝脚渗漏；④管理房损坏。震害等级为中等破坏

6.1.18 尖梁子水库（汶川地震）

照片 6-018 德阳市罗江县新盛镇（地震烈度Ⅶ度），尖梁子水库，均质土坝，1972 年 1 至 11 月兴建。①大坝坝顶存在纵向裂缝，纵向裂缝基本延伸到两坝头，缝宽约 1~2mm；坝顶中部下游侧 1.5m 左右存在 2 条弧形裂缝，缝宽 3~5cm，内侧弧形裂缝与坝轴线相交，弦长为 13m，外侧弧形裂缝与坝轴线相交，弦长为 25m，弧形裂缝右侧已延伸至上游坡面；②坝顶下游侧的弧形裂缝两侧未出现错位现象；③左坝肩渗漏有所增加。震害等级为中等破坏

6.1.19 新庵堂水库（汶川地震）

照片 6-019 德阳市罗江县嫣家镇（地震烈度Ⅶ度），新庵堂水库，均质土坝，1971~1972 年建。①坝顶防浪墙震倒约 4m，防浪墙与坝顶路面混凝土拉开缝宽约 1cm，拉开长度约 30m，大坝中部约 40m 左右坝顶路基整体下沉；②上游迎水坡护面面板被震裂，出现多条裂缝，震损长度约为 50m，主要集中在坝中部，该位置面板破碎较多；③左坝肩存在绕坝渗流，现场检查时，水位已下降 2m，渗漏不明显，但仍能看见原渗漏的痕迹；④下游坡距右坝肩约 42m，距坝顶约为 1.5m 处，有一条长度约 35m 的纵向裂缝，缝宽 3~5cm，检查时，该缝已被夯实。震害等级为中等破坏

6.1.20 砚台山水库（汶川地震）

照片 6-020 德阳市罗江县调元镇（地震烈度Ⅶ度），砚台山水库，均质土坝，1975~1976 年建。①坝体散浸，涵管控制阀门不能正常启闭，右坝段下游一级坝坡存在散浸带，高程介于 541~541.8m 间，长约 6.5m；②震后散浸带范围比震前增大，渗水量有所增加；③地震发生后，放水涵管进口控制阀门不能正常启闭。震害等级为中等破坏

6.1.21 凤凰水库（汶川地震）

照片 6–021 广元市剑阁县公兴镇凤凰村（地震烈度Ⅶ度），凤凰水库，均质土坝，1974~1975 年兴建。①“5.12”地震后，大坝右坝肩散浸严重，渗漏量约 0.8L/s，影响坝体安全；②溢洪道地震后左边墙中尾部开裂沉陷严重，裂缝宽 2~5cm，深 2m，部分已垮塌；③放水设施地震后渗漏量明显增大，经量测，渗漏量 1.22L/s。震害等级为中等破坏

6.1.22 高台水库（汶川地震）

照片 6–022 广元市剑阁县姚家乡高台村（地震烈度Ⅶ度），高台水库，均质土坝，1959~1963 年兴建。坝顶出现纵向裂缝。震害等级为中等破坏

6.1.23 团结水库（汶川地震）

照片 6-023　广元市剑阁县姚家乡涂家山断桥河处（地震烈度Ⅶ度），团结水库，均质土坝，1975~1977 年兴建。上游坝坡护坡坡脚开裂、沉陷。震害等级为中等破坏

6.1.24 木林 水库（汶川地震）

照片 6-024　广元市剑阁县樵店乡木林村（地震烈度Ⅶ度），木林水库，均质土坝，1958 年建。防浪墙损毁。震害等级为中等破坏

6.1.25 四槽沟水库（汶川地震）

照片 6–025 广元市苍溪县河地乡地干村（地震烈度Ⅵ度），四槽沟水库，均质土坝，1971~1976 年建。①右坝坝顶出现纵向裂缝，长 20m，缝宽 2~3mm，深约 0.8~1.0m，其余未见异常；②溢洪道地震后无明显变化；③放水设施地震后渗漏无明显变化；④管理房裂缝 4 条，缝宽 0.5~0.8cm，影响正常使用；⑤右坝坝顶出现纵向裂缝，长 20m，缝宽 2~3mm，深约 0.8~1.0m，其余未见异常。震害等级为中等破坏

6.1.26 石门乡红旗水库（汶川地震）

照片 6–026 广元市苍溪县石门乡全华山村（地震烈度Ⅶ度），石门乡红旗水库，均质土坝，1953~1990 年建。①涵管进口 8m、13m 处新增加漏水点 2 处，总漏水量达到 3 处，渗漏流量显著增加，经量测换算，渗漏流量为 5L/s，水量较震前增大 155.4%；②管理房位于大坝左端，砖混结构，建筑面积 360m^2，于 1995 年修建，受“5.12”地震影响，纵、横墙均产生裂缝，裂缝宽 4~8mm，经建设部门鉴定为危房，不能居住；③防洪抢险公路多处垮塌。震害等级为中等破坏

6.1.27 段家桥水库（汶川地震）

照片 6–027 绵阳市游仙区观太乡（地震烈度Ⅶ度），段家桥水库，均质土坝，1954 年建。①大坝坝顶出现 2 处纵向裂缝，缝长各约 40m，缝宽约 5~10cm；②下游坝坡多处出现不规则裂缝，长约 10~20m，缝宽 2~3cm；③溢洪道、放水涵管未发现异常情况，渗流也未发现异常情况。震害等级为中等破坏

6.1.28 红星水库（汶川地震）

照片 6–028 绵阳市游仙区建华乡（地震烈度Ⅶ度），红星水库，均质土坝，1958~1959 年建。①坝顶中部出现 4 条裂缝，长短不一，其中最长 1 条裂缝长 20~30m、宽 3~4cm；②坝顶裂缝坝段局部有向上游坝坡倾斜迹象；③溢洪道、放水涵管未发现其他异常情况，未发现大坝滑坡的迹象，渗流也未发现异常情况。震害等级为中等破坏

6.1.29 丰收水库（汶川地震）

照片 6-029 绵阳市游仙区凤仙海风景区（地震烈度Ⅶ度），丰收水库，均质土坝，1970~1971 年建。①纵向裂缝：震后坝体出现多条纵向裂缝，其中，右坝段坝顶的 1# 裂缝延伸 15m，裂缝最大宽度 150mm，深度超过 1.5m，张开状态，受下游坡滑坡体的牵引，裂缝向下游坡弯转呈弧形；2# 号裂缝在 1# 裂缝坝后坡，延伸 50m，裂缝最大宽度 150mm，深度超过 1m，张开状态，并且裂缝向下游坡脚弯转呈弧形，构成下游坡滑坡体的后缘；3# 号裂缝在 2# 裂缝下游坡脚平台后缘，延伸 30m，裂缝最大宽度 60mm，深度超过 0.5m，张开状态，并且裂缝向下游坡脚弯转呈弧形，构成下游坡次级滑坡体的后缘；②横向裂缝：坝顶及下游坝坡发现数条横向裂缝。震害等级为中等破坏

6.1.30 天池水库（汶川地震）

照片 6-030 绵阳市游仙区建华乡（地震烈度Ⅶ度），天池水库，均质土坝，1957~1958 年建。①距上游边坡 1m 左右，坝顶纵向裂缝一条，长 40m，宽 30~80cm，裂缝处用彩条布覆盖，用粘土填塞处理；②距下游边坡 0.5m 左右，纵向裂缝一条，长 20m，宽 0.5~1cm；③上游坝坡距坝顶 3~4m 处近水处护坡下滑。震害等级为中等破坏

6.1.31 马鞍水库（汶川地震）

照片 6−031 绵阳市游仙区朝真乡（地震烈度Ⅷ度），马鞍水库，均质土坝，1980 年建。① 2008 年 5 月 12 日地震后坝顶发现纵向裂缝，经量测裂缝长 120m，最大缝宽 8~10cm，深约 1.2m；② 5 月 14 日北川 6.4 级余震后又出现两条裂缝，其中一条长 20m，与主缝相距约 1.5m，另一条位于坝背水坡上部，经量测长 50m，宽约 1.5cm；③ 2008 年 5 月 25 日经实地核查和量测，大坝纵向裂缝基本贯穿于坝顶，呈断续分布，最长裂缝长度 120m，宽度 2.5cm，深约 0.8~1.2m，另有 2 条长度在 5~20m 不等，其中一条位于坝背水坡面。震害等级为中等破坏

6.1.32 毛腊水库（汶川地震）

照片 6−032 绵阳市游仙区柏林镇（地震烈度Ⅷ度），毛腊水库，均质土坝，1956~1957 年建。①坝顶出现纵向贯穿性裂缝，裂缝宽度约 20cm，最大可探深度约 1m，裂缝长度约 50m，震后裂缝已用黏土充填覆盖；②上游坝坡 98.50m 高程以上坡度为 1:0.5，无挡土墙，坝顶出现纵向贯穿性裂缝，裂缝宽度约 20cm，最大可探深度约 1m，裂缝长度约 50m，上游坝坡未发现滑坡迹象。震害等级为中等破坏

6.1.33 胜利水库（汶川地震）

照片 6-033 绵阳市游仙区忠兴镇（地震烈度Ⅷ度），胜利水库，均质土坝，1958~1975 年建。①坝前、后坡上部对应位置各见一条纵向裂缝发育，其中坝前坡裂缝，长度约 30m，最宽约 2cm，最大深度 0.7m 左右；②横向裂缝基本不发育，震后坝体内未出现横向贯通裂缝，坝后亦未见明显的渗、漏水现象，对坝体渗流影响不大，震害等级为中等破坏

6.1.34 玉珠水库（汶川地震）

照片 6-034 绵阳市游仙区魏城镇（地震烈度Ⅷ度），玉珠水库，均质土坝，1957 年建。①上游坝坡纵向高约 2m 砌体挡土墙倒塌，砌块散于上游坝坡，坝坡混凝土护块多处破碎；②约在土坝中间位置，坝顶出现纵向裂缝 3 条，最长 25m，宽约 2cm；③下游坝坡上部出现纵向裂缝 1 条，约 120m，宽 3cm。震害等级为中等破坏

6.1.35 灯塔水库（汶川地震）

照片 6-035 绵阳市梓潼县文兴乡灯塔村（地震烈度Ⅶ度），灯塔水库，均质土坝，1970~1971 年建。防浪墙震损。震害等级为中等破坏

6.1.36 飞跃水库（汶川地震）

照片 6-036 绵阳市梓潼县石台乡尖山村（地震烈度Ⅶ度），飞跃水库，均质土坝，1971 年建。坝顶裂缝。震害等级为中等破坏

6.1.37 白鸽林水库（汶川地震）

照片 6-037 绵阳江油市永胜镇（地震烈度Ⅷ度），白鸽林水库，均质土坝，1981~1989 年建。①坝顶出现一条基本延伸整条大坝的纵向裂缝，长 140m，宽 5~10cm；②下游坝坡有宽 1~2cm、长 10~15m 纵向裂缝 2 条；③左、右坝肩各出现 2 条略微斜向的横向裂缝（未贯穿上下游），缝宽 0.2~2cm，长 2~3m，深度 0.5~1.0m。震害等级为中等破坏

6.1.38 丰收水库（汶川地震）

照片 6-038 绵阳江油市东兴乡（地震烈度Ⅷ度），丰收水库，均质土坝，1973~1978 年建。①纵向裂缝：坝顶出现一条纵向裂缝，裂缝延伸长度超过 150m，贯通整个坝体，裂缝最大宽度 120mm，最大可探深度 1m，坝顶中部裂缝两侧已形成约 60mm 错台，靠上游部分坝体已明显下沉；②横向裂缝：右段坝顶发现横向裂缝，裂缝横切整个坝顶，最大宽度 20mm，最大深度超过 0.5m；③滑坡：大坝上游坡面没有护坡措施，坝坡长期蓄水位附近坡面附近有轻微冲刷，震后大坝上游坝坡出现滑坡迹象，表现为坝顶的纵向裂缝两侧已形成约 60mm 错台，靠上游部分坝体轻微下沉，推测滑坡后缘为坝顶纵向裂缝。震害等级为中等破坏

6.1.39 凤凰水库（汶川地震）

照片6–039 绵阳市梓潼县文昌镇长岭村（地震烈度Ⅶ度），凤凰水库，均质土坝，1955~1956年建。坝顶出现纵向裂缝。震害等级为中等破坏

6.1.40 红卫水库（汶川地震）

照片6-040 绵阳市梓潼县宝石乡红卫村（地震烈度Ⅶ度），红卫水库，均质土坝，1968~1969年建。坝顶出现纵向裂缝。震害等级为中等破坏

6.1.41 火烧坡水库（汶川地震）

照片 6-041 绵阳江油市二郎庙镇（地震烈度Ⅷ度），火烧坡水库，均质土坝，1972~1976 年建。①坝顶出现两条纵缝，长 20m，宽 5~10cm，间距 0.4m 左右，深约 1.0m，沉陷 20cm；②上游坡出现一条纵缝，距左坝头 4.0m，在上游坝坡变坡处，长 10m，宽 5~10cm、深 1.0m；震后当地水务局会同水库管理人员已对裂缝进行了开挖、回填、塑料膜覆盖等紧急处理措施；③左坝肩存在横向裂缝 3 条，向上游坡延伸，第一条距左坝头 6.0m，其余两条间隔 1.5m，缝长约 5.0m，缝宽小于 0.5cm，深度不详；距右坝肩 17m，左坝肩 10m，长 18m 范围内，下游坡面出现大量的斜向裂缝。震害等级为中等破坏

6.1.42 猫儿沟水库（汶川地震）

照片 6-042 绵阳江油市新春乡（地震烈度Ⅷ度），猫儿沟水库，均质土坝，1977~1979 年建。①坝顶靠近上游水面纵向裂缝多条，其中最大一条长 40m，最大缝宽 10cm，其余裂缝较短，长度约 10~20m，缝宽 1cm 左右；②因上坝道路影响，大坝高程 708.5m 大平台以上坝身局部薄弱，严重影响大坝安全。震害等级为中等破坏

6.1.43 牛角埝水库（汶川地震）

照片 6–043 绵阳江油市永胜镇（地震烈度Ⅷ度），牛角埝水库，均质土坝，1957~1974 年建。①大坝坝顶中间出现两条纵向裂缝，裂缝总长约 30m，缝宽 0.5~2cm，深度约 1.2m 左右；查看时裂缝已做嵌缝填塞土料处理，并用塑料彩条布覆盖；②坝体上游边坡由于水浪淘刷而形成陡立面，坡顶出现裂缝存在局部崩塌危险；③溢洪道侧墙及底板衬砌没有发现开裂或错位变形，基本没有震损，但溢洪道未衬砌边坡局部有垮塌阻塞汛期泄洪之患；④位于大坝右侧的浆砌石梯级卧管放水设施可以放水使用，基本没有出现震损，但震前由于卧管基础沉陷变形造成渗漏。震害等级为中等破坏

6.1.44 三角石水库（汶川地震）

照片 6–044 绵阳江油市重华镇（地震烈度Ⅷ度），三角石水库，均质土坝，1956~1958 年建。①右侧坝段，坝轴线偏上游位置出现纵向裂缝。裂缝自距右坝头约 10m 开始，长约 50m，宽 5cm 左右，基本连续；②左侧坝段，坝轴线偏上游位置，裂缝自距左坝头约 15m 开始，长约 16m，宽 2~5cm，基本连续；③上游坝坡有沿裂缝向上游滑动的趋势。震害等级为中等破坏

6.1.45 树家湾水库（汶川地震）

照片 6-045 绵阳江油市义新乡（地震烈度Ⅷ度），树家湾水库，均质土坝，1955~1972 年建。①溢洪道与土坝连接处有 1 条横向裂缝，裂缝长 5m，最大宽度约 3cm，深度约 0.8m；②大坝坝顶有 1 条纵向裂缝，裂缝长 50m，最大宽度约 2cm；③下游坡面有 1 条纵向裂缝，裂缝长 40m，最大宽度约 1.5cm；④溢洪道无明显的震损，震前在放水洞出口坝坡附近存在渗漏现象，地震后渗水量明显增大，水库水位降低后，渗水量有所减少。震害等级为中等破坏

6.1.46 中院水库（汶川地震）

照片 6-046 绵阳江油市新兴乡（地震烈度Ⅷ度），中院水库，均质土坝，1958~1960 年建。①大坝坝顶发现两条纵向裂缝，裂缝长约 160m，缝宽 0.5~10cm，局部有横缝，查看时纵横缝已做嵌缝填塞土料处理，并用塑料薄膜全部覆盖；②距大坝左肩约 40m，下游边坡距坝顶约 13m 左右位置（坝顶下约 6m 高度）出现相邻很近的两个渗水点，清水且无涌水，呈渗沁水状；③位于大坝左侧的溢洪道侧墙及底板衬砌没有发现开裂或可观错位变形，基本无震损；④位于大坝右侧的浆砌石梯级卧管放水设施可以放水使用，基本无出现震损，但震前由于卧管基础沉陷造成盖板断裂，渗漏十分严重。震害等级为中等破坏

6.1.47 崇林水库（汶川地震）

照片 6-047 绵阳市游仙区朝真乡（地震烈度Ⅷ度），崇林水库，均质土坝，1958~1971 年建。①坝顶出现纵向贯穿性裂缝；②裂缝宽度约 5cm，最大可探深度约 100cm，裂缝长度约 120m；③大坝上游坡面没有护坡措施，坝坡受冲刷淘蚀严重，长期蓄水位附近坡面已出现高度 80cm 的陡坎，上游坝坡未发现滑坡迹象。震害等级为中等破坏

6.1.48 许家桥水库（汶川地震）

照片 6-048 绵阳江油市新安镇（地震烈度Ⅷ度），许家桥水库，均质土坝，1956~1976 年建。①大坝坝顶出现 2 条纵缝，1 条位于坝顶中段防浪子堰坡脚处，长 128m，最大宽度 10cm，深度 1.2m；②另 1 条位于防浪子堰顶部中段，坝体右侧缝稍窄，中部到左坝肩部分稍宽，长度 190m，缝宽 0.5~5cm，地表缝稍小，往下比较大，可见深度 0.4m；③大坝下游未见异常渗漏现象。震害等级为中等破坏

6.1.49 栏杆水库（汶川地震）

照片 6–049 绵阳市梓潼县许州镇栏杆村（地震烈度Ⅶ度），栏杆水库，均质土坝，1956 年建。大坝迎水面面板震损。震害等级为中等破坏

6.1.50 中济海水库（丽江地震）

照片 6–050 云南省丽江县黄山乡中济行政村中海自然村（地震烈度Ⅸ度），中济海水库挡水坝，均质土坝，高 6.3m，长 400m，库容 122.6 万立方米。下游坝坡发生滑坡，坝顶下沉，沿坝轴线方向的裂缝在坝顶广泛分布，最宽达 10cm。震害等级为严重破坏

6.1.51　跃进水库（汶川地震）

照片 6-051　德阳市中江县永太镇双凤（地震烈度Ⅶ度），跃进水库，土坝，1958 年建。①坝体滑坡，两侧滑坡影响带为 12m；②大坝坝顶纵向长裂缝，长 30 多米，宽 3~4mm；③大坝上游防渗面板裂缝，共有 15 条，2~3mm 宽，纵横向均有；④大坝左坝头坝脚少量渗水。震害等级为严重破坏

6.1.52　困牛山水库（汶川地震）

照片 6-052　德阳绵竹市土门镇（地震烈度Ⅷ度），困牛山水库，均质土坝，1965~1971 年建。纵缝 5 条，滑坡 1 处，防浪墙分布竖向裂缝。震害等级为严重破坏

6.1.53 红旗水库（汶川地震）

照片 6-053 绵阳市游仙区徐家镇（地震烈度Ⅶ度），红旗水库，均质土坝，1966~1967 年建。①迎水坡裂缝 2 条，距左岸 150m 左右，裂缝宽度约 5~10cm，长约 30m，该段岸坡呈局部向上游滑坡及崩岸趋势；②坝顶裂缝 1 条，距左岸 150m 左右，裂缝宽度约 2~5cm，长 50m；③背水坡裂缝 1 条，距左岸 50m 左右，裂缝宽度约 1~2cm，长约 10m。震害等级为严重破坏

6.1.54 森柏水库（汶川地震）

照片 6-054 绵阳市游仙区石板镇（地震烈度Ⅶ度），森柏水库，均质土坝，1973~1979 年建。①大坝中部附近坝顶处出现纵向裂缝 1 条，长 160m，其中 80m 较严重，宽 3~5cm；②上游坝坡水下部分浪蚀严重，上游坝坡水上部分崩塌严重，出现明显滑坡的迹象；③溢洪道、放水涵管未发现异常情况，渗流也未发现异常情况。震害等级为严重破坏

6.1.55 大田水库（汶川地震）

照片 6–055 绵阳江油市（地震烈度Ⅷ度），大田水库，均质土坝，1955~1956 年建。①坝顶纵向裂缝 5 条，其中一条位于坝体中段，长 85m，最大裂缝宽 40cm，最大深度 2m 左右，基本贯穿坝体；上游坝坡 2~3 条，间距 1~1.5m，长度均为 47m，最大裂缝宽度 5cm，裂缝深度较大，可能延伸至建基面附近，估计深度在 0.8~3m；下游坝坡 2 条，长度均为 60m，深度 2m 左右，最大裂缝宽度 8cm；②横向裂缝：在坝顶一带斜、横向裂缝亦较发育，大坝左侧见横向裂缝 3 条，缝宽 4cm，总长 5m，贯穿坝顶并向前后坡延伸；大坝中段见横向裂缝 1 条，缝宽 4cm，总长 6m，贯穿坝顶并向前后坡延伸，估计深度均在 2m 左右。震害等级为严重破坏

6.1.56 建兴水库（汶川地震）

照片 6–056 德阳市中江县富兴镇（地震烈度Ⅶ度），建兴水库，均质土坝，1958~1960 年建。①大坝发生了严重的裂缝及管涌现象，坝顶有一条纵向裂缝，长 50m，缝宽 20mm 左右；大坝下游坝脚渗漏量加大，且发生了严重的管涌现象，共 5 处，自左至右如下：1#涌水点距左坝肩 30m，浑浊度较大，且流量较大；2#涌水点距左坝肩 37m，有明显混浊水流出；3#涌水点距左坝肩 37.5m，有明显混浊水流出，且流量较大；4#涌水点距左坝肩 44m，有明显混浊水流出，且流量较大；5#涌水点距左坝肩 47m，流量较大；②防浪墙震裂，有多条裂缝，左岸放水涵管可能被震裂，出现裂缝或脱离坝体，在溢洪道陡坡段下部出现渗漏。震害等级为严重破坏

6.1.57 民乐水库（汶川地震）

照片 6–057 德阳绵竹市土门镇（地震烈度Ⅷ度），民乐水库，均质土坝，1955~1957 年建。纵缝位于右副坝北段，总长 80m，宽度 3~10cm，深度约 1.0m，滑坡体（HP1）主要分布在右副坝段滑坡长度约 150m，坝顶滑落宽度最大约为坝宽的三分之二，最大滑距约 1.0m。震害等级为严重破坏

6.1.58 上风波塘水库（汶川地震）

照片 6-058 德阳绵竹市东北镇（地震烈度Ⅸ度），上风波塘水库，均质土坝，1955 年建。纵缝 3 条，横缝 6 条 1 个主要滑坡体迎水坡混凝土面板出现纵横裂缝。震害等级为严重破坏

6.1.59 下风波塘水库（汶川地震）

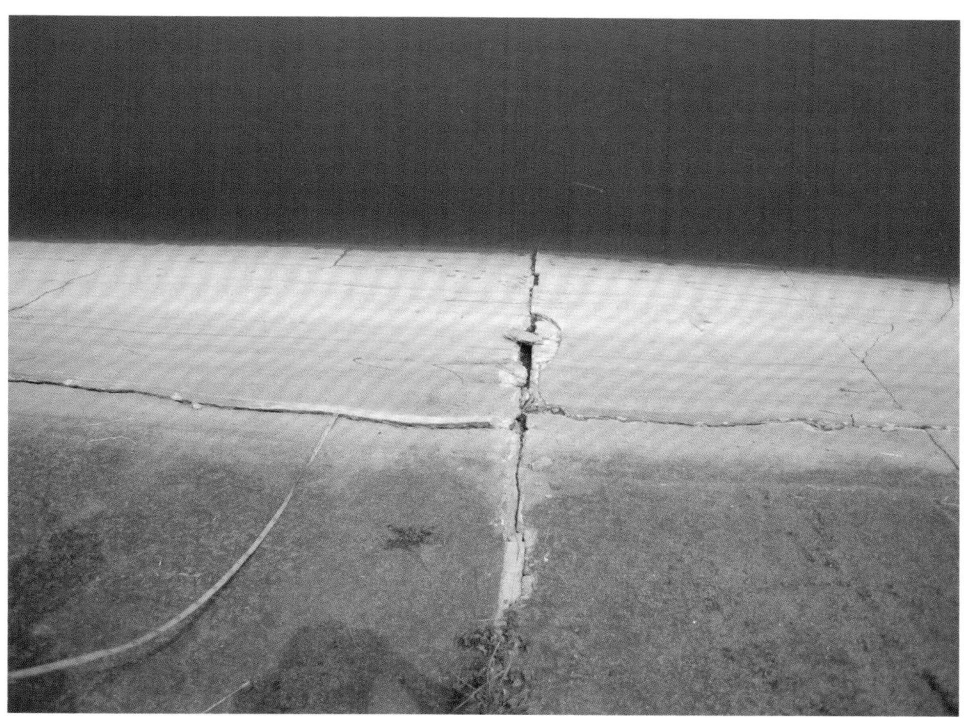

照片 6-059 德阳绵竹市东北镇（地震烈度Ⅸ度），下风波塘水库，均质土坝，1956 年建。纵缝 1 条，横缝 8 条，主坝迎水面混凝土面板出现纵横裂缝。震害等级为严重破坏

6.1.60 联合水库（汶川地震）

照片 6–060 德阳绵竹市遵道镇（地震烈度Ⅹ度），联合水库，均质土坝，1957~1958 年建。纵缝 6 条，横缝 2 条，3 处坝体迎水侧混凝土护坡坍塌，管理设施震毁、倒塌，溢洪道处坝体渗水严重，溢洪道右侧坝顶分布横向裂缝，上部结构震损严重。震害等级为严重破坏

6.1.61 新油房水库（汶川地震）

照片 6–061 德阳绵竹市汉旺镇（地震烈度Ⅸ度），新油房水库，均质土坝，1966 年建。纵缝 9 条，横缝 5 条库内侧的坝体出现明显沉陷；在震后放水之前，局部地方出现渗漏现象，溢洪闸翼墙及底板出现纵横裂缝。震害等级为严重破坏

6.1.62 团结水库（汶川地震）

照片 6-062 德阳绵竹市九龙镇（地震烈度Ⅸ度），团结水库，均质土坝，1973~1974 年建。纵缝 5 条，横缝 30 条，1 个震陷体。震害等级为严重破坏

6.1.63 八角水库（汶川地震）

照片 6-063 德阳绵竹市汉旺镇（地震烈度Ⅸ度），八角水库，均质土坝，1955~1956 年建。3 条纵缝，12 条横缝，并有震陷。震害等级为严重破坏

6.1.64 小柏林水库（汶川地震）

照片 6–064 德阳绵竹市汉旺镇（地震烈度Ⅸ度），小柏林水库，均质土坝，1958~1959 年建。纵缝 1 条，横缝 8 条，未发现明显的滑坡体。震害等级为严重破坏

6.1.65 红刺藤水库（汶川地震）

照片 6–065 德阳绵竹市汉旺镇（地震烈度Ⅸ度），红刺藤水库，均质土坝，1961~1962 年建。纵、横缝各 5 条，迎水面混凝土预制块出现纵横裂缝，溢洪闸右翼墙震裂。震害等级为严重破坏

6.1.66 长河水库（汶川地震）

照片 6-066 广元市剑阁县杨村镇长河村（地震烈度Ⅶ度），长河水库，均质土坝，1958~1960 年建。坝顶中央出现长约 70m 的纵向裂缝，最大缝宽约 15cm，裂缝上下缘错位约 30cm，挖深 1m 未见底，已用黏土回填夯实，在裂口处加盖薄膜，防止雨水渗入；主副坝上游坝面有塌滑、跌坎。震害等级为严重破坏

6.1.67 鱼儿沟水库（汶川地震）

照片 6-067 广元市利州区三堆镇井田村（地震烈度Ⅷ度），鱼儿沟水库，均质土坝，1954 年建。坝顶纵向裂缝。震害等级为严重破坏

6.1.68 长道沟水库（汶川地震）

照片 6-068 绵阳市游仙区东宣乡（地震烈度Ⅶ度），长道沟水库，均质土坝，1954~1955 年建。大坝中部、坝顶中间位置裂缝 120m；大坝上游坡滑移，出现滑坡迹象。震害等级为严重破坏

6.1.69 金花水库（汶川地震）

照片 6-069 绵阳市游仙区街子乡（地震烈度Ⅷ度），金花水库，均质土坝，1956~1957 年建。①纵向裂缝：坝顶及下游坡顶部见 2~3 条长约 50~100m 的纵向裂缝，裂缝宽 0.5~5cm、深度小于 1.8m；其中坝顶一条纵向裂缝余震后，在坝顶中部混凝土硬壳中的长度不断延伸，由 50m 逐渐延伸至近 100m，但随着时间推移增长趋势变小，且宽度较小（约 0.1~0.5cm）、变化也不大；下游坡纵向裂缝 3 条，最长约 100m；②横向裂缝：坝顶左侧两道横向裂缝，缝宽一般为 2~3cm，最宽至 10cm，深度达 1.8m，主要在坝顶一带分布，未贯穿上下游坝坡；震后未形成贯穿上、下游坝坡的横向长大裂缝。震害等级为严重破坏

6.1.70 三要水库（汶川地震）

照片 6-070 绵阳市游仙区仙海风景区（地震烈度Ⅶ度），三要水库，均质土坝，1974~1975 年建。①坝顶出现多条纵向裂缝：其中，左坝段坝顶偏上游两条裂缝较宽，裂缝宽度 8~10cm，最大可探深度约 80cm，裂缝长度分别为 20m，16m；目前，裂缝已用黏土充填覆盖；②坝顶发现数条横向裂缝，裂缝宽度 5~20mm，最大可探深度 0.5m 左右；部分裂缝横切贯穿坝顶。震害等级为严重破坏

6.1.71 金华水库（汶川地震）

照片 6-071 绵阳市梓潼县马迎乡金水村（地震烈度Ⅶ度），金华水库，均质土坝，1957 年建。坝顶纵向裂缝。震害等级为严重破坏

6.1.72 马凤庵水库（汶川地震）

照片 6–072 绵阳江油市贯山乡（地震烈度Ⅷ度），马凤庵水库，均质土坝，1974~1977 年建。①坝顶出现多条纵向裂缝：坝顶的 1# 裂缝延伸约 100m，裂缝最大宽度 300mm，最大可探深度 1.5m，张开状态，坝顶中部裂缝两侧已形成约 100mm 错台，靠上游部分坝体明显下沉约 25cm；坝后坡的 2# 裂缝延伸约 75m，裂缝最大宽度 30mm，张开状态；该裂缝 5 月 12 日主震后开裂，余震对裂缝的影响比较大，裂缝继续发展；坝后坡的 3# 裂缝延伸约 85m，裂缝最大宽度 15mm，张开状态；坝前坡的 4# 裂缝延伸约 75m，裂缝最大宽度 15mm，张开状态；②坝顶及上、下游坝坡发现数条横向裂缝。震害等级为严重破坏

6.1.73 岐山水库（汶川地震）

照片 6–073 绵阳江油市龙凤镇（地震烈度Ⅷ度），岐山水库，均质土坝，1958~1959 年建。①5 月 12 日震后距左坝肩 70~110m 范围内下游边坡出现渗水现象；大坝坝顶出现裂缝，基本位于中部，裂缝长 90m，最宽处 21cm；②5 月 18 日观察到坝顶裂缝 6 条，长度最长增至 122m，最大裂缝宽度增至 24cm，深度 1.1m，下错 8.5cm，平行于此缝在其上游有 4 条、下游有 1 条裂缝，间距 1.5~2.2m，长度 10~60m，缝宽 5~18cm，缝深 0.5~1.2m；上游坡纵缝 4 条；同时有横向裂缝 2 处，最大缝宽 5cm，为贯穿性裂缝，两缝相距约 60m；③5 月 25 日观察大坝纵向裂缝增加，最长达到 132m。震害等级为严重破坏

6.1.74 新埝河水库（汶川地震）

照片 6–074 绵阳江油市义新乡（地震烈度Ⅷ度），新埝河水库，均质土坝，1970~1971 年建。①坝顶出现 3 条纵向裂缝，1 条位于新老坝体结合处，长 51m，最大宽度 8cm；1 条位于老坝体，长 21m，宽度 4cm；1 条位于上游坝坡，长 10m，宽度 1.5cm；②上游坝坡迎水面局部有凸起，部分有下滑趋势；③溢洪道无明显的震损情况。震害等级为严重破坏

6.1.75 幸福水库（汶川地震）

照片 6–075 绵阳江油市双河镇（地震烈度Ⅷ度），幸福水库，均质土坝，1969~1971 年建。①由于大坝上游边坡水位变化区受水浪淘刷形成陡立边坡，地震后，坝顶上游侧发现两处震动裂缝，使局部陡立边坡存在崩塌之患；裂缝各长约 8~10m，缝宽 1~3cm，崩塌体宽约 1.5~2m，高度 2~2.5m；②大坝坝顶靠上游 2m 左右位置出现纵向裂缝，缝长 40~50m，缝宽 3~5cm，探缝深约 1~1.2m，端部有向上游延伸趋势，上游边坡有滑坡迹象；③位于大坝左侧的溢洪道进口段侧墙及底板衬砌没有发现开裂或可观错位变形，基本无震损；④位于大坝右侧的浆砌石梯级卧管放水设施正在放水，基本无震损。震害等级为严重破坏

6.1.76 园门水库（汶川地震）

照片 6-076 绵阳江油市方水乡（地震烈度Ⅷ度），园门水库，均质土坝，1958~1960 年建。①纵向裂缝：大坝上部在坝顶，前、后坡各见一条纵向裂缝发育，裂缝宽 5~10cm，其中坝顶一条最发育，位于坝体中段，长 100m 左右，最大深度 1.5m 左右；其次为上游坡左侧一条，长 50m 左右，缝宽 1~2cm，最大深度约 0.5m；②横向裂缝：坝顶见四条横缝，最宽 20cm，均未贯穿坝顶。震后大坝左侧上游坡有轻微隆起，坝体有整体向前坡滑移迹象，后缘为上游坝坡左侧纵向裂缝，后缘长度约 50m；③震后形成的纵、横向长大裂缝，但横向裂缝并未贯穿坝体。震害等级为严重破坏

6.1.77 观音堂水库（汶川地震）

照片 6-077 绵阳江油市八一乡（地震烈度Ⅸ度），观音堂水库，均质土坝，1956~1958 年建。①前坡一条纵向裂缝，深度最大在 3m 左右，基本贯穿整个坝体（仅在坝体中部略有错开）；坝左侧纵向裂缝在前坡上部分布，宽为 1~10cm，没有明显错动迹象；坝右侧纵向裂缝在前坡中部分布，宽为 10~40cm，垂直错动距离约 10~30cm，有明显滑动迹象；②后坡三条纵向裂缝，基本位于后坡中上部，局部在坝左侧延伸至坝顶，其中一条贯穿整个坝体，另两条长度为坝长一半左右，裂缝深度最大在 2m 左右，宽为 1~10cm，尚未见明显滑动迹象；③此外在坝顶一带尚发育一些斜、横向裂纹，但规模较小，且未贯穿坝顶；④大坝上游坡面没有护坡。震害等级为严重破坏

6.2 其他土石坝

6.2.1 洞子沟水库（汶川地震）

照片 6-078 绵阳江油市战旗镇（地震烈度Ⅷ度），洞子沟水库，混合型土坝，1977~1985 年建。①下游侧一条裂缝较长，长 67m，宽约 10cm，深约 2m；上游侧一条裂缝长 49m，宽约 10cm，深约 1.8m，震灾发生后，当地水务局、解放军官兵会同水库管理人员已对裂缝进行了开挖、黏土加石灰回填、塑料膜、草席覆盖等紧急处理措施；②在距坝顶约 0.7m 上游坝坡处，发现一长 54m，深 1.0m 左右的裂缝，裂缝宽度 1~2cm，并有 2~3cm 的错台；③在距坝顶约 1.1m、3.0m 下游游坝坡处，发现两条裂缝，长度分别为 38m、17m，深 1.0m 左右的裂缝，裂缝宽度 1~2cm。震害等级为严重破坏

6.2.2 小干沟水库（昆仑山口西地震）

照片 6–079　格尔木市南 45km 处格尔木河上游（地震烈度Ⅵ度），小干沟水库，大坝为混凝土面板堆石坝，坝高 55m，设计库容 1040 万立方米。防浪墙沿纵向设置的 9 条伸缩缝宽度有不同程度的增加，其中 7 号缝最宽，约 4~5mm，并向下延伸至坝上游坡，在坝坡防水沥青表面可见细小裂缝。震害等级为轻微破坏

6.2.3 紫坪铺水库（汶川地震）

照片 6-080 至照片 6-082 都江堰市紫坪铺镇（地震烈度Ⅹ度），紫坪铺水库，钢筋混凝土面板堆石坝，2001~2004年建。水平施工缝错台，垂直缝及周边缝挤压破坏，面板开裂和脱落，防浪墙与面板结合处发生变形，坝后坡砌石护坡大面积隆起，坝体右肩整体性沉降 10cm 左右。震害等级为中等破坏

参 考 文 献

[1] 中华人民共和国交通运输部，四川省交通厅，甘肃省交通厅，陕西省交通厅 . 汶川地震公路震害图集 [M]. 北京：人民交通出版社，2009。

[2] 中国地震局地球物理研究所汶川地震现场工作队 . “5 • 12”汶川地震生命线系统震害调查图集 [M]. 北京：地震出版社，2009。

[3] 中华人民共和国国家质量监督检验检疫总局，中国国家标准化管理委员会 . 建 (构) 筑物地震破坏等级划分（GB/T 24335—2009）[M]. 北京，2009。

[4] 中华人民共和国国家质量监督检验检疫总局，中国国家标准化管理委员会 . 生命线工程地震破坏等级划分（GB/T 24336—2009）[M]. 北京，2009。

[5] 柳春光，林皋，李宏男等 . 生命线地震工程导论 [M]. 大连：大连理工大学出版社，2005。

[6] 刘如山，邬玉斌，张美晶等 . 汶川地震四川电网震害调查与分析 [C]. 纪念汶川地震一周年 : 地震工程与减轻地震灾害研讨会论文集 , 2009: 590~596。

[7] 郭恩栋，王祥建，张丽娜等 . 汶川地震供水管道震害分析 [C]. 纪念汶川地震一周年 : 地震工程与减轻地震灾害研讨会论文集 , 2009: 576~582。

[8] 李杰 . 生命线工程抗震——基础理论与应用 [M]. 北京：科学出版社，2005。

[9] 李杰 . 公路系统地震灾害损失评估方法研究 [D]. 硕士学位论文，哈尔滨：中国地震局工程力学研究所，2012。

[10] 庄卫林，刘振宇，蒋劲松 . 汶川大地震公路桥梁震害分析及对策 [J]. 岩石力学与工程学报，2009，28（7）：1377~1387。

[11] 王东升，郭迅，孙治国等 . 汶川大地震公路桥梁震害初步调查 [J]. 地震工程与工程振动，2009，29（3）：84~94。

[12] 王祥建，郭恩栋，张丽娜等 . 汶川地震燃气管网震害分析 [C]. 纪念汶川地震一周年 : 地震工程与减轻地震灾害研讨会论文集 , 2009: 652~660。

[13] 冯启民 . 地震灾害预测及其信息管理系统技术规范——宣贯教材 [M]. 北京：中国标准出版社，2004。

[14] 梁海安 . 土石坝震害预测及快速评估方法研究 [D]. 博士学位论文，哈尔滨：中国地震局工程力学研究所，2012。

[15] 宋彦刚，邓良胜，王昆等 . 紫坪铺水库大坝震损及应急修复综述 [J]. 四川水力发电，2009，28（2）：8~27。

[16] 袁一凡 . 震害损失评估讲义 [R]. 中国地震局工程力学研究所，2001。

附录 A

生命线工程地震破坏等级划分

ICS91.120.25
P 15

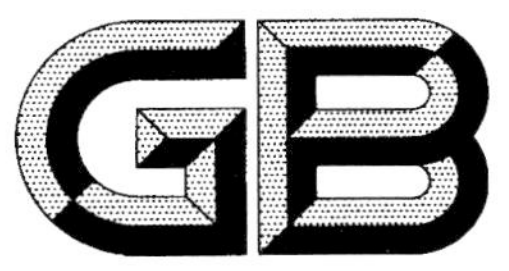

中华人民共和国国家标准

GB/T 24336—2009

生命线工程地震破坏等级划分

Classification of earthquake damage to lifeline engineering

2009-09-30 发布 2009-12-01 实施

中华人民共和国国家质量监督检验检疫总局
中国国家标准化管理委员会 发布

目 次

前　　言

本标准由中国地震局提出。

本标准由全国地震标准化技术委员会(SAC/TC225)归口。

本标准起草单位：中国地震局工程力学研究所。

本标准主要起草人：郭恩栋、孙柏涛、刘如山、林均岐、张令心、孙景江、戴君武。

引　　言

本标准是在国内外生命线工程结构和设备的地震破坏等级划分方法及标准研究成果基础上制定的。由于目前部分生命线工程结构和设备的震害经验少，震害等级划分研究尚不成熟，本标准没有给出其地震破坏等级划分的规定。

生命线工程地震破坏等级划分

1 范围

本标准规定了生命线工程地震破坏等级划分的原则和方法。

本标准适用于地震现场震害调查、灾害损失评估、烈度评定，以及震害预测和工程修复等工作。

2 规范性引用文件

下列文件中的条款通过本标准的引用而成为本标准的条款。凡是注日期的引用文件，其随后所有的修改单(不包括勘误的内容)或修订版均不适用于本标准，然而，鼓励根据本标准达成协议的各方研究是否可使用这些文件的最新版本。凡是不注日期的引用文件，其最新版本适用于本标准。

GB/T 24335 建(构)筑物地震破坏等级划分

3 术语和定义

下列术语和定义适用于本标准。

3.1

生命线工程 lifeline engineering

维系城镇与区域经济、社会功能的基础设施与工程系统。主要包括交通系统、供(排)水系统、输油系统、燃气系统、电力系统、通讯系统、水利工程等工程系统。

3.2

生命线工程设备 equipment of lifeline engineering

各生命线工程中的机械设备、电气设备、监控设备、专用设备等的总称。

4 基本规定

4.1 生命线工程地震破坏等级评定原则

以结构构件的破坏程度、功能丧失程度为主，并考虑修复的难易程度进行评定。

4.2 生命线工程地震破坏等级评定程序

4.2.1 对于各生命线工程结构和设施、设备，检查和判明结构构件和非结构构件的破坏程度以及破坏比例。

4.2.2 按照本标准第5章至第12章中关于各生命线工程结构和设施、设备各个破坏等级的宏观描述综合评定破坏等级。

4.3 建（构）筑物地震破坏等级划分

生命线工程系统中的各类建筑物、构筑物的地震破坏等级划分应符合 GB/T 24335 的规定。

4.4 生命线工程地震破坏等级分级

生命线工程地震破坏等级划分为五级：

a) Ⅰ级：基本完好；

b) Ⅱ级：轻微破坏；

c) Ⅲ级：中等破坏；

d) Ⅳ级：严重破坏；

e) Ⅴ级：毁坏。

4.5 破坏数量用语含义

4.5.1 个别：宜取10%以下。

4.5.2 部分：宜取10%～50%之间。

4.5.3 多数：宜取50%以上。

4.6 破坏程度用语含义

4.6.1 破损：设施或设备遭受地震作用后，需修理或更换附属构件或零部件后能继续使用。

4.6.2 损坏：设施或设备遭受地震作用后，需要进行大修或更换主要部件或零部件后才能继续使用或已无修复价值。

4.7 裂缝开裂程度用语含义

4.7.1 细裂缝：出现在表面的微裂缝隙。

4.7.2 明显裂缝：波及内部但非贯通缝隙。

4.7.3 贯通裂缝：贯通截面厚度方向的缝隙。

4.8 泄漏程度用语含义

4.8.1 渗漏：内部介质外渗，其状态为介质仅在漏的部位沿外壁表面逐渐扩散或溢出。

4.8.2 泄漏：内部介质外泄，其状态为介质在漏的部位呈滴状溢出(液体)或小量连续喷出(气体)。

4.8.3 喷漏：内部介质外喷，其状态为介质在漏的部位呈连续不断外流的柱状或片状的喷出(液体)或大量连续喷出(气体)。

5 生命线工程设备

5.1 生命线工程设备的破坏可以“台、件”为单位进行评定。

5.2 根据破坏程度，其破坏等级应划分为：

a) Ⅰ级：设备本体及主要零部件无破损，个别附属零部件破损，设备基础完好，不必修理仍能继续使用；

b) Ⅱ级：设备本体无破损，个别主要零部件破损，部分附属零部件损坏，设备基础有细裂缝，需一般性修理后才能继续使用；

c) Ⅲ级：设备本体无破损，部分主要零部件及附属零部件损坏，设备基础不均匀下沉、出现明显裂缝，需要修理或更换零部件后才能继续使用；

d) Ⅳ级：设备本体有破损，多数主要零部件和附属零部件损坏，设备基础移位、下沉并出现明显裂缝，需要进行大修后才能恢复其功能；

e) Ⅴ级：设备本体损坏，已失去修复价值，应更换。

6 交通系统

6.1 道路

6.1.1 道路破坏应以“路段”为单位进行评定。

6.1.2 根据破坏程度，其破坏等级应划分为：

a) Ⅰ级：路面、路堤未受破损或破损甚微，可通行；

b) Ⅱ级：路肩、挡土墙、垒面、路堑有细裂缝，路面轻微下陷或隆起，出现细裂缝或小于15 cm的下沉，造成一定的行车障碍，仍可通行；

c) Ⅲ级：路面出现一定程度的下陷或隆起，如小的不均匀塌陷。斜坡崩坏，石头滚落，虽可通行，需谨慎行车，需要进行修复后才能通行；

d) Ⅳ级：路面出现大的不均匀沉陷、明显裂缝、隆起，通行困难，需限制通行，需要进行大修后才能通行；

e) Ⅴ级：路面出现大的断裂和错位，有大于50cm的沉陷或悬空，或路堤发生崩塌，或由于崩塌、滑坡岩土堵塞路面，已无法行车，需重建。

6.2 桥梁

6.2.1 桥梁结构应以“座”为单位评定破坏等级。

6.2.2 根据破坏程度，其破坏等级应划分为：

a) Ⅰ级：结构构件完好，桥面无明显变形，个别非结构构件可有破损，不需修理可继续使用；

b) Ⅱ级：桥台、桥面、桥墩、桥拱、桥塔、主梁等的混凝土部件表面出现细裂缝，局部表面混凝土剥落，支撑连接部位轻微变形，不需修理或稍加修理即可通行；

c) Ⅲ级：桥墩混凝土出现明显裂缝，梁移位，梁端混凝土出现明显裂缝，拱脚有明显裂缝，桥塔结构轻微变形，墩台轻微移动，出现明显裂缝，引桥下沉，支座与梁连接的螺栓部分剪断，震后需限制通行（限速、限载），需要进行加固修复后才能正常通行；

d) Ⅳ级：桥墩混凝土出现贯通裂缝、剥落，梁、拱出现贯通裂缝或破碎，桥塔结构变形，悬索或拉索（杆）锚具出现滑动，墩台滑移、断裂或严重倾斜，基础破坏明显。需要进行大修后才能通行；

e) Ⅴ级：落梁、塌拱、墩台折断、倒塔、断索等现象已经发生或随时可能发生，整个桥梁已不能使用，需重建。

6.3 隧道

6.3.1 隧道结构应以“座”为单位评定破坏等级。

6.3.2 根据破坏程度，其破坏等级应划分为：

a) Ⅰ级：隧道衬砌表面有细裂缝，但无衬砌或围岩材料掉落现象及可能性，可正常使用；

b) Ⅱ级：隧道入口处的地面轻微下陷，隧道衬砌表面出现稀疏的细裂缝，局部衬砌或围岩材料掉落，稍加修理后能恢复正常使用；

c) Ⅲ级：隧道衬砌出现许多细裂缝，多处衬砌或围岩材料掉落，隧道入口处的地面下陷明显，妨碍通行，需要进行修复后才能正常使用；

d) Ⅳ级：隧道衬砌广泛出现明显裂缝，大块衬砌或围岩材料脱落，隧道入口地面严重下陷，隧道已不能使用，需要进行大修后才能正常使用；

e) Ⅴ级：隧道衬砌结构错位、断裂，部分断面隧道结构坍塌，需重建。

6.4 铁道线路

6.4.1 铁道线路应以“路段”为单位评定破坏等级。

6.4.2 根据破坏程度，其破坏等级应划分为：

a) Ⅰ级：路基和轨道均无明显变形，能正常使用；

b) Ⅱ级：由于地表不均匀沉陷或水平变形导致局部路基和轨道轻度脱离或变形，稍加修理后能正常使用；

c) Ⅲ级：由于地表明显的不均匀沉陷或水平变形导致路基严重变形，局部沉陷，轨道变形明显，并与路基脱离，已不能正常使用，需要进行轨道和路基维修后才能正常使用；

d) Ⅳ级：由于较大的地表不均匀沉陷或水平变形、地裂缝等，导致一定长度内的整段轨道出现蛇形弯曲变形、移位，需要进行大修后才能正常使用；

e) Ⅴ级：由于塌陷、滑坡、地裂缝等场地破坏导致很大长度内的整段路基的变形、移位、塌陷，轨道变形、移位、悬空、断裂等，需重建。

7 供水系统

7.1 水池或水处理池

7.1.1 水池或水处理池应以“座”为单位评定破坏等级。

7.1.2 根据破坏程度，其破坏等级应划分为：

a) Ⅰ级：基本无震损，或个别构件有细裂缝，功能正常；

b) Ⅱ级：个别构件出现变形或明显裂缝，池壁出现渗漏，需要进行维护；

c) Ⅲ级：部分构件发生倾斜、下沉或出现明显裂缝，池壁多处出现渗漏，需要进行维修；

d) Ⅳ级：多数构件发生倾斜、下沉或出现贯通裂缝，局部坍塌，池壁喷漏，需要进行大修后才能恢复正常功能；

e）Ⅴ级：整座水池坍塌，储水漏光，需重建。

7.2 水处理厂

7.2.1 水处理厂应以“座”为单位评定破坏等级。

7.2.2 根据破坏程度，其破坏等级应划分为：

a) Ⅰ级：水厂中的水处理设施、设备等均无明显破损，水厂功能正常；

b) Ⅱ级：个别设备有破损，如氯化罐轻微破坏，化学药品罐轻微损坏。沉淀池、清水池等轻微破坏，水厂功能短时间丧失（小于 1d）。水质受到影响，需进行检修；

c) Ⅲ级：部分设备有破损，如氯化罐或化学药品罐中等破坏。沉淀池、清水池等中等破坏，水厂功能丧失可达 3d。水质已经下降，需要进行维修才能恢复正常功能；

d) Ⅳ级：多数水处理设施、设备遭到严重破坏，连接不同的水池或化学单元的管道发生破裂、泄露，导致水厂立即停产，需要进行大修后才能恢复正常功能；

e) Ⅴ级：各类设施、设备及管道均遭到破坏，需重建。

7.3 取水井站及供水泵站

7.3.1 取水井站及供水泵站的破坏应以“座”为单位评定破坏等级。

7.3.2 根据破坏程度，其破坏等级应划分为：

a) Ⅰ级：机械和电力设备无明显破损，建筑物基本完好，井（泵）站功能正常；

b) Ⅱ级：个别机械和电力设备有轻微破坏，建筑物轻微破坏，泵站的功能短时间（1d 以内）中断。需进行检修；

c) Ⅲ级：部分机械和电力设备中等破坏，或建筑物中等破坏，泵站的功能丧失可达 3d。需要进行维修后才能恢复正常使用；

d) Ⅳ级：井、泵设备严重破坏，或建筑物严重破坏，需要进行大修或更换一些设备后才能恢复正常功能；

e) Ⅴ级：机械设备、电力设备和泵设备均毁坏，建筑物毁坏，需重建。

7.4 供水管网

7.4.1 供水管网破坏可以“位于一个独立区域内的网络”为单位评定破坏等级。

7.4.2 根据破坏程度，其破坏等级应划分为：

a) Ⅰ级：管道基本无破损，管网功能正常；

b) Ⅱ级：管道局部出现小的渗漏点，平均每 10 km 渗漏点数小于 2，管网系统功能基本正常，供水量下降度小于10%。需要进行管网维护；

c) Ⅲ级：管道出现接口断裂破坏现象，导致管道泄露，平均每10 km泄露点数介于2和5之间，震后破损的管段需要通过关闭阀门等手段减少水的流失。管网功能大部分保持，供水量下降幅度可达30%。需要进行管网维修；

d) Ⅳ级：管道断裂、泄漏或喷漏，平均每10km泄（喷）漏点数介于6和12之间，管道基本失去输水能力，管网功能大部分丧失，无法正常运行，需经抢修方能恢复部分功能。需要进行大修后才能恢复正常功能；

e) Ⅴ级：包括主干管道在内的管道均发生破裂、泄露或喷漏，平均每10 km泄（喷）漏点数超过12，管道完全失去输水能力，管网功能完全丧失。一定区域管网需要重建。

8 输油系统

8.1 炼油厂

8.1.1 炼油厂应以“座”为单位进行破坏等级评定。

8.1.2 根据破坏程度，其破坏等级应划分为：

a) Ⅰ级：各类设施基本无破损，功能正常；

b) Ⅲ级：塔类设施、管道及阀门设施轻微破坏，炼油厂的功能可能短时间（小于1d）中断，需进行维护；

c) Ⅲ级：部分设施设备中等破坏，炼油厂的功能丧失可达3 d，需要进行维修；

d) Ⅳ级：多数设施设备出现中等破坏现象，少数严重破坏。需要进行大修后才能恢复正常功能；

e) Ⅴ级：多数设施设备均遭到严重破坏，部分毁坏，需重建。

8.2 输油泵站

8.2.1 输油泵站应以“站点”为单位评定破坏等级。

8.2.2 根据破坏程度，其破坏等级应划分为：

a) Ⅰ级：各类设施基本无破损，功能正常；

b) Ⅱ级：个别设备和管道轻微破坏，建筑物轻微破坏，需进行维护；

c) Ⅲ级：部分设备和管道轻微破坏，但未渗漏，或建筑物中等破坏，需要进行维修；

d) Ⅳ级：泵严重破坏，管道泄漏，或建筑物严重破坏，需要进行大修后才能正常使用；

e) Ⅴ级：多数设备和管道严重破坏，部分毁坏，建筑物毁坏，需重建。

8.3 油库

8.3.1 油库的地震破坏应以“座”为单位评定破坏等级。

8.3.2 根据破坏程度，其破坏等级应划分为：

a) Ⅰ级：各类设施基本完好，功能正常；

b) Ⅱ级：储油罐轻微破坏，油库的功能可能短时间（小于1 d）丧失；

c) Ⅲ级：部分设备中等破坏，储油罐中等破坏，油库的功能丧失可达3 d；

d) Ⅳ级：储油罐严重破坏，或架空管道严重破坏，需要进行大修后才能正常使用；

e) Ⅴ级：所有架空管道毁坏，或油罐毁坏，需重建。

8.4 输油管道

8.4.1 输油管道的地震破坏可以“整条管道”为单位评定破坏等级。

8.4.2 根据破坏程度，其破坏等级应划分为：

a) Ⅰ级：管道基本无破损，功能正常；

b) Ⅱ级：管道局部出现渗漏，平均每10km渗漏点数小于2，输油功能基本正常。需进行管网维护；

c) Ⅲ级：管道出现破裂、泄漏，平均每10km泄漏点数介于2和5之间，输油功能基本丧失。

需要进行抢修；

d) Ⅳ级：管道出现大的断裂、泄漏或喷漏，平均每10km泄(喷)漏点数介于6和12之间，输油功能丧失。需要进行大修后才能正常使用；

e) Ⅴ级：输油管道平均每10km泄(喷)漏点数大于12，需重建。

9 燃气系统

9.1 门站

9.1.1 门站的破坏应以“站点”为单位评定破坏等级。

9.1.2 根据破坏程度，其破坏等级应划分为：

a) Ⅰ级：各类设施、设备均无破损，建筑物基本完好；

b) Ⅱ级：各类设施、设备基本完好，建筑物轻微破坏，需要进行维护；

c) Ⅲ级：个别机械和电气设备轻微破坏，或建筑物中等破坏，需要进行维修；

d) Ⅳ级：泵设备严重破坏，建筑物严重破坏，必须经大修方能正常使用；

e) Ⅴ级：多数设备毁坏，建筑物毁坏，需重建。

9.2 储气罐

9.2.1 储气罐的破坏应以“个”为单位评定破坏等级。

9.2.2 根据破坏程度，其破坏等级应划分为：

a) Ⅰ级：罐体无破损，支承构件完好或有轻微变形。

b) Ⅱ级：罐体无破损，支承构件轻微破坏，需进行维护；

c) Ⅲ级：罐体局部发生轻微变形，支承结构破损，需进行维修。

d) Ⅳ级：罐体局部发生屈曲或明显变形，支承结构有损坏，必须经大修方能正常使用。

e) Ⅴ级：罐体破裂，漏气，支承结构倒塌或失稳，需重建。

9.3 输气管线

9.3.1 输气管线的破坏可以“位于一个独立区域内的网络”为单位评定破坏等级。

9.3.2 根据破坏程度，其破坏等级应划分为：

a) Ⅰ级：管道基本无破损，功能正常；

b) Ⅱ级：管道局部出现小的漏气点，平均每10 km泄露点数小于2，输气功能基本正常。需进行管道维护；

c) Ⅲ级：管道破裂、漏气，平均每10 km泄露点数介于2和5之间，输气功能基本丧失。需进行抢修；

d) Ⅳ级：管道断裂并严重泄露，平均每10 km泄露点数介于5和12之间，输气功能丧失。必须经大修方能正常使用；

e) Ⅴ级：输气管道平均每10 km泄露点数大于12，需重建。

10 电力系统

10.1 发电厂

10.1.1 发电厂的破坏应以“座”为单位评定破坏等级。

10.1.2 根据破坏程度，其破坏等级应划分为：

a) Ⅰ级：发电设备及建筑物基本无破损，功能正常；

b) Ⅱ级：发电设备轻微变形，局部破损，或建筑物轻微破坏，稍加修理能正常运行；

c) Ⅲ级：设备柜、仪表架等移位、变形锅炉和压力容器中等破坏，或建筑物中等破坏，需要进行维修；

d) Ⅳ级：发电设备严重破坏，或建筑物严重破坏，需要进行大修后才能正常恢复功能；

e) Ⅴ级：多数发电设备毁坏，或建筑物毁坏，需重建。

10.2 变（配）电站

10.2.1 变电站的破坏应以“座”为单位评定破坏等级。

10.2.2 根据破坏程度，其破坏等级应划分为：

a) Ⅰ级：设备基本完好，建筑物基本完好。功能基本正常；

b) Ⅱ级：个别隔离开关和断路器破损，或建筑物破坏。经检修可迅速恢复正常功能；

c) Ⅲ级：部分隔离开关、断路器和变压器破损，或建筑物中等破坏，功能基本丧失需要一定时间的检修才能恢复正常功能；

d) Ⅳ级：多数隔离开关、断路器、变压器、电流（压）互感器和避雷器等设备严重破坏，或建筑物严重破坏，功能丧失。需要进行大修后才能恢复正常功能；

e) Ⅴ级：多数设备毁坏，建筑物毁坏，须重建。

10.3 输电线路

10.3.1 输电线路的地震破坏应以“整条线路”为单位评定破坏等级。

10.3.2 根据破坏程度，其破坏等级应划分为：

a) Ⅰ级：线路无宏观震害，正常供电；

b) Ⅱ级：输电线路出现塔架或线杆破损现象，平均每 10 km 破损处数小于 2，仍能供电。需要进行线路维护；

c) Ⅲ级：输电线路出现塔架或线杆倾斜、破损以及绝缘子破损现象，局部线杆折断、塔架倒伏，平均每 10km 破损处数介于 2 和 5 之间。需要进行检修后才能正常供电；

d) Ⅳ级：部分塔架、线杆倾斜、倒伏、折断，线路被拉断，平均每 10 km 损坏处数介于 5 和 12 之间。需要进行大修后才能恢复正常功能；

e) Ⅴ级：多数塔架、线杆破坏，线路多处被拉断，平均每 10 km 损坏处数大于 12，输电线路需要重新架设。

11 通信系统

11.1 中心控制室

11.1.1 中心控制室的破坏应以“个”为单位评定破坏等级。

11.1.2 根据破坏程度，其破坏等级应划分为：

a) Ⅰ级：通信设备无震损，建筑物基本完好；

b) Ⅱ级：通信设备无明显破损，建筑物轻微破坏，需要进行设备维护；

c) Ⅲ级：部分通信设备移位，建筑物中等破坏，需进行设备检修和房屋排险加固后才能恢复正常功能；

d) Ⅳ级：多数通信设备倾斜、移位，功能失效，建筑物严重破坏，必须经大修方能恢复正常功能；

e) Ⅴ级：多数通信设备毁坏，建筑物毁坏，需要重建。

11.2 通信线路

11.2.1 通信线路的破坏应以“整条线路”为单位评定破坏等级。

11.2.2 根据破坏程度，其破坏等级应划分为：

a) Ⅰ级：线路无宏观震害，正常运行；

b) Ⅰ级：局部传输明线出现线杆倾斜现象，但线路未断，10 km 破损处数小于 2。稍加检修能恢复正常；

c) Ⅲ级：传输明线出现线杆倾斜、倒伏现象，局部线杆折断，线路拉断，地下线缆由于变形过大面断裂，1 0 km 破坏处数介于 2 和 5 之间。需要进行检修才能恢复正常功能；

d) Ⅳ级：出现线杆折断、倒伏，明线拉断、地下电缆断裂等破坏现象，10km 破坏处数介于 5 和 12 之间。需要进行大修后才能正常使用；

e) Ⅴ级：线杆倾斜、倒伏、折断及断线等破坏现象多发，地下电缆遭到严重破坏，10km 破坏处数大于 12。需要重建。

12 水利工程

12.1 土石坝

12.1.1 土石坝的破坏应以“座”为单位评定破坏等级。

12.1.2 根据破坏程度，其破坏等级应划分为：

a) Ⅰ级：宏观上无震害；

b) Ⅱ级：有宽度小于 5mm 的纵向裂缝，宏观上无沉降，需要简单处理；

c) Ⅲ级：有多条宽度大于 5mm 的纵向裂缝，宏观上可以看出沉降，有横向裂缝，需要进行整修和加固；

d) Ⅳ级：坝体产生了滑裂，坝坡局部隆起、凹陷或滑坡，需要进行大修和加固；

e) Ⅴ级：坝体大面积滑坡，坝滑失稳，坝体陷落，甚至垮坝，需要重建。

参 考 文 献

[1] GB/T 182083—2000 地震现场工作 第三部分：调查规范

[2] SH/T 3135—2003 石油化工工程地震破坏鉴定标准

[3] 李树桢．地震灾害评估 中国地震灾害损失预测研究专辑(三)．地震出版社，1996

[3] Risk Management So1utions, Inc. Development of a Standardized Earthquake Loss Estimation Methodology, Volume Ⅱ，Preparedfor：National Institute of Bu ilding Sciences, Septem-ber 7, 1994

建（构）筑物地震破坏等级划分

1　范围

本标准规定了建（构）筑物地震破坏等级划分的原则和方法。

本标准适用于地震现场震害调查、灾害损失评估、烈度评定、建（构）筑物安全鉴定，以及震害预测和工程修复等工作。

2　术语和定义

下列术语和定义适用于标准。

2.1

承重构件　Structural member

以承受体系的竖向和侧向荷载（如风和地震荷载）为主的构件。

2.2

非承重构件　non-Structural member

不承受体载系苛载的构件，如（框架结构、钢筋混凝土柱单层厂房的）围护墙、自承重墙、女儿墙、装饰设备等。

2.3

建（构）筑物震害程度 damage degree of buildings (special structures)

地震时建（构）筑物遭受破坏的轻重程度。

3　基本规定

3.1　建（构）筑物类型

3.1.1　建筑物类型包括：砌体房屋；底部框架房屋；内框架房屋；钢筋混凝土框架结构；钢筋混凝土剪力墙（或简体）结构；钢筋混凝土框架－剪力墙（或简体）结构；钢框架结构；钢框架－支撑结构；砖柱排架结构厂房；钢、钢筋混凝土柱排架结构厂房；排架结构空旷房屋；本结构房屋；土、石结构房屋。

3.1.2　构筑物类型包括：烟囱、水塔。

3.2　建（构）筑物破坏等级划分步骤

以承重构件的破坏程度为主，兼顾非承重构件的破坏程度，并考虑修复的难易和功能丧失程度的高低为划分原则。

3.3　建（构）筑建破坏等级划分步骤

按照下列步骤划分建（构）筑物破坏等级：

a) 将建（构）筑物按结构类型分类；

b) 区分建（构）筑建的承重构件和非承重构件，分别评定它们的破坏程度；

c) 综合各个构件的破坏程度、修复的难易程度和结构使用功能的丧失程度，评定建（构）筑建的破坏等级。

3.4　建（构）筑物破坏等级划分基本标准

3.4.1　Ⅰ级：基本完好。

3.4.2　Ⅱ级：轻微破坏。

3.4.3 Ⅲ级：中等破坏。

3.4.4 Ⅳ级：严重破坏。

3.4.5 Ⅴ级：毁坏。

3.5 破坏数量用语含义

3.5.1 个别：宜取10%以下。

3.5.2 部分：宜取10%～50%之间。

3.5.3 多数：宜取50%以上。

3.6 破坏程度用语含义

3.6.1 细微裂缝

由地震引起的肉眼能够看得清楚的裂缝，对砌体墙和柱，一般发生在灰缝或抹灰层表面上。对混凝土构件，一般发生在表面上。

3.6.2 轻微裂缝

混凝土构件裂缝宽不大于0.5mm，砌体构件裂缝宽不大于1.5mm。这种裂缝对构件的承载能力无明显影响。

3.6.3 明显裂缝

在钢筋混凝土构件上，裂缝宽大于0.5mm，表层脱落，裂缝已深入到内层，钢筋已外露。在砌体墙上，裂缝宽大于1.5mm，砌体已濒临断裂或裂缝几乎贯通墙厚。

3.6.4 严重裂缝

在混凝土构件上，裂缝宽大于1.0mm，钢筋明显外露，表层严重脱落，裂缝已深入到内层或贯通。在砌体墙上，裂缝宽大于3.0mm，砌体断裂或裂缝已贯通到墙厚。

3.6.5 濒临倒塌

结构中各构件已失去承载能力，处于一触即塌的状态。钢筋混凝土构件破坏处的混凝土已酥碎，钢筋严重弯曲，产生了较大的变形；砌体墙产生了多道明显的贯通裂缝，近于酥散状态；砌体柱受压区的砌块酥碎脱落，或柱体断裂。

4 建筑物破坏等级划分的宏观描述

4.1 砌体房屋

4.1.1 Ⅰ级

主要承重墙体基本完好，屋盖和楼盖完好；个别非承重构件轻微损坏，如个别门窗口有细微裂缝等；结构使用功能正常，不加修理可继续使用。

4.1.2 Ⅱ级

承重墙无破坏或个别有轻微裂缝，屋盖和楼盖完好；部分非承重构件有轻微损坏，或个别有明显破坏，如屋檐塌落、坡屋面溜瓦、女儿墙出现裂缝、室内抹面有明显裂缝等；结构基本使用功能不受影响，稍加修理或不加修理可继续使用。

4.1.3 Ⅲ级

多数承重墙出现轻微裂缝，部分墙体有明显裂缝，个别墙体有严重裂缝；个别屋盖和楼盖有裂缝；多数非承重构件有明显破坏，如坡屋面有较多的移位变形和溜瓦、女儿墙出现严重裂缝、室内抹面有脱落等；结构基本使用功能受到一定影响，修理后可使用。

4.1.4 Ⅳ级

多数承重墙有明显裂缝，部分有严重破坏，如墙体错动、破碎、内或外倾斜或局部倒塌；屋盖和楼盖有裂缝，坡屋顶部分塌落或严重移位变形；非承重构件破坏严重，如非承重墙体成片倒塌、女儿墙塌落等；或整体结构明显倾斜；结构基本使用功能受到严重影响，甚至部分功能丧失，难以修复或无修复价值。

4.1.5 Ⅴ级

多数墙体严重破坏，结构濒临倒塌或已倒塌；结构使用功能不复存在，已无修复可能。

4.2 底部框架房屋

4.2.1 Ⅰ级

底部框架的梁、柱完好，底部墙体有轻微裂缝；上部砌体承重墙完好，个别非承重构件轻微损坏，如个别门窗口、非承重墙体有轻微裂缝等；结构使用功能正常，不加修理可继续使用。

4.2.2 Ⅱ级

底部框架个别梁、柱有细微裂缝，底部墙体有轻微裂缝；上部个别承重墙有轻微裂缝，部分非承重构件有轻微损坏，或个别有明显破坏，如部分屋檐塌落、坡屋面溜瓦、女儿墙出现裂缝、室内抹面有明显裂缝等，结构基本使用功能不受影响，稍加修理或不加修理可继续使用。

4.2.3 Ⅲ级

底部框架多数梁、柱有轻微裂缝，部分有明显裂缝，个别梁、柱端头混凝土剥落，底部部分墙体有明显裂缝，个别有严重裂缝；上部多数承重墙有轻微裂缝，部分墙体有明显裂缝，个别墙体有严重裂缝，多数非承重构件有明显破坏，如多数非承重墙体有明显裂缝、个别有严重裂缝、女儿墙出现严重裂缝、室内抹面有脱落等；结构基本使用功能受到一定影响，修理后可使用。

4.2.4 Ⅳ级

底部框架梁、柱破坏严重，多数梁、柱端头混凝土剥落，主筋外露，个别柱主筋压屈，底部多数墙体有明显裂缝或外闪；上部承重墙多数出现明显裂缝或外闪，非承重构件破坏严重，如非承重墙体成片倒塌、女儿墙塌落等；或整体结构明显倾斜；结构基本使用功能受到严重影响，甚至部分功能丧失，难以修复或无修复价值。

4.2.5 Ⅴ级

底部框架梁、柱、墙和上部承重墙丧失抗震能力，房屋部分或全部倒塌；结构使用功能不复存在，已无修复可能。

4.3 内框架房屋

4.3.1 Ⅰ级

承重墙体完好，内框架柱、梁完好；个别非承重墙体轻微裂缝；结构使用功能正常，不加修理可继续使用。

4.3.2 Ⅱ级

部分承重墙体轻微裂缝或个别明显裂缝；个别内框架柱，梁出现细微裂缝；部分非承重墙体明显裂缝；其他部分非承重构件有轻微损坏，或个别有明显破坏，如女儿墙出现裂缝等；结构基本使用功能不受影响，稍加修理或不加修理可继续使用。

4.3.3 Ⅲ级

部分承重墙体明显裂缝；部分内框架柱、梁轻微裂缝，个别有明显裂缝；多数非承重墙体有明显裂缝：个别有严重裂缝；其他多数非承重构件有明显破坏，如女儿墙出现严重裂缝、室内抹面有脱落等，结构基本使用功能受到一定影响，修理后可使用。

4.3.4 Ⅳ级

多数承重墙体严重破坏或局部倒塌；部分内框架梁、柱主筋压屈、混凝土酥碎崩落，部分楼、屋盖塌落；非承重构件破坏严重，如非承重墙体成片倒塌、女儿墙塌落等，或整体结构明显倾斜；结构基本使用功能受到严重影响，甚至部分功能丧失，难以修复或无修复价值。

4.3.5 Ⅴ级

多数墙体倒塌，部分内框架梁和板塌落；结构使用功能不复存在，已无修复可能。

4.4 钢筋混凝土框架结构

4.4.1 Ⅰ级

框架梁、柱构件完好，个别非承重构件轻微损坏，如个别填充墙内部或与框架交接处有轻微裂缝，个别装修有轻微损坏等；结构使用功能正常，不加修理可继续使用。

4.4.2 Ⅱ级

个别框架梁、柱构件出现细微裂缝；部分非承重构件有轻微损坏，或个别有明显破坏，如部分填充墙内部或与框架交接处有明显裂缝等，结构基本使用功能不受影响，稍加修理或不加修理可继续使用。

4.4.3 Ⅲ级

多数框架梁、柱构件有轻微裂缝，部分有明显裂缝，个别梁、柱端混凝土剥落；多数非承重构件有明显破坏，如多数填充墙有明显裂缝，个别出现严重裂缝等；结构基本使用功能受到一定影响，修理后可使用。

4.4.4 Ⅳ级

框架梁、柱构件破坏严重，多数梁、柱端混凝土剥落、主筋外露，个别柱主筋压屈；非承重构件破坏严重，如填充墙大面积破坏，部分外闪倒塌；或整体结构明显倾斜；结构基本使用功能受到严重影响，甚至部分功能丧失，难以修复或无修复价值。

4.4.5 Ⅴ级

框架梁、柱破坏严重，结构濒临倒塌或已倒塌；结构使用功能不复存在，已无修复可能。

4.5 钢筋混凝土剪力墙（或筒体）结构

4.5.1 Ⅰ级

剪力墙构件完好；个别非承重构件轻微损坏，如个别填充墙内部或与主体结构交接处有轻微裂缝，个别装修有轻微破坏等；结构使用功能正常，不加修理可继续使用。

4.5.2 Ⅱ级

个别剪力墙表面出现细微裂缝，甚至局部出现了轻微的混凝土剥落现象；部分非承重构件有轻微损坏，或个别有明显破坏，如部分填充墙内部或与主体结构交接处有明显裂缝，玻璃幕墙上个别玻璃碎落等；结构基本使用功能不受影响，稍加修理或不加修理可继续使用。

4.5.3 Ⅲ级

多数剪力墙出现轻微裂缝，部分出现明显裂缝，个别墙端部混凝土剥落；多数非承重构件有明显破坏，如多数填充墙有明显裂缝，个别出现严重裂缝，玻璃幕墙支撑部分变形较大等，结构基本使用功能受到一定影响，修理后可使用。

4.5.4 Ⅳ级

多数剪力墙出现了明显裂缝，个别剪力墙出现了严重裂缝，裂缝周围大面积混凝土剥落，部分墙体主筋屈曲；非承重构件破坏严重，如填充墙大面积破坏，部分外闪倒塌；或整体结构明显倾斜；结构基本使用功能受到严重影响，甚至部分功能丧失，难以修复或无修复价值。

4.5.5 Ⅴ级

多数剪力墙严重破坏，结构濒临倒塌或已倒塌，结构使用功能不复存在，已无修修可能。

4.6 钢筋混凝土框架-剪力墙（或筒体）结构

4.6.1 Ⅰ级

框架梁、柱构件及剪力墙构件完好；个别非承重构件轻微损坏，如个别填充墙内部或与主体结构交接处有轻微裂缝，个别装修有轻微损坏等；结构使用功能正常，不加修理可继续使用。

4.6.2 Ⅱ级

个别框架梁、柱构件或个别剪力墙表面出现细微裂缝，甚至局部出现了轻微的混凝土剥落现象；部分非承重构件有轻微损坏，或个别有明显破坏，如部分填充墙内部或与主体结构交接处有明显裂缝，玻璃幕墙上个别玻璃碎落等；结构基本使用功能不受影响，稍加修理或不加修理可继续使用。

4.6.3 Ⅲ级

多数框架梁、柱构件或剪力墙出现轻微裂缝，部分出现明显裂缝，个别梁、柱或剪力墙端部混凝土剥落；多数非承重构件有明显破坏，如多数填充墙有明显裂缝，个别出现严重裂缝，玻璃幕墙支撑部分变形较大等，结构基本使用功能受到一定影响，修理后可使用。

4.6.4　Ⅳ级

多数框架梁、柱构件或剪力墙出现了明显裂缝，个别出现了严重裂缝，裂缝周围大面积混凝土剥落，部分墙体主筋屈曲；非承重构件破坏严重，如填充墙大面积破坏，部分外闪倒塌；或整体结构明显倾斜；结构基本使用功能受到严重影响，甚至部分功能丧失，难以修复或无修复价值。

4.6.5　Ⅴ级

多数框架梁、柱构件及剪力墙严重破坏，结构濒临倒塌或已倒塌；结构使用功能不复存在，已无修复可能。

4.7　钢框架结构

4.7.1　Ⅰ级

框架梁、柱构件完好；个别非承重构件轻微损坏，如个别填充墙内部或与框架交接处有轻微裂缝，个别装修有轻微损坏等；结构使用功能正常，不加修理可继续使用。

4.7.2　Ⅱ级

个别框架梁、柱节点连接处出现轻微变形或焊缝处出现细微裂缝；部分非承重构件有轻微损坏，或个别有明显破坏，如部分填充墙内部或与框架交接处有明显裂缝，玻璃幕墙上个别玻璃碎落等；结构基本使用功能不受影响，稍加修理或不加修理可继续使用。

4.7.3　Ⅲ级

部分框架梁、柱构件节点连接处出现永久变形，个别焊接节点处出现贯穿焊缝的明显裂缝或个别螺栓节点连接处出现螺栓断裂或螺栓孔洞增大现象；数非承重构件有明显破坏，如多数填充墙有明显裂缝，个别出现严重裂缝，玻璃幕墙支撑部分变形较大等，结构基本使用功能受到一定影响，修理后可使用。

4.7.4　Ⅳ级

多数框架梁、柱构件严重破坏，导致结构产生明显的永久变形，部分梁、柱构件翼缘屈曲、焊缝断裂、节点处出现明显的永久变形或节点严重破坏，非承重构件破坏严重，如填充墙大面积破坏，部分外闪倒塌，或整体结构明显倾斜，结构基本使用功能受到严重影响，甚至部分功能丧失，难以修复或无修复价值。

4.7.5　Ⅴ级

多数框架梁、柱构件严重破坏，或部分关键梁、柱构件及节点破坏导致结构出现了危险的永久位移，结构濒临倒塌或已倒塌；结构使用功能不复存在，已无修复可能。

4.8　钢框架－支撑结构

4.8.1　Ⅰ级

框架梁、柱构件及支撑完好，个别非承重构件轻微损坏，如个别填充墙内部或与框架交接处有轻微裂缝，个别装修有轻微损坏等；结构使用功能正常，不加修理可继续使用。

4.8.2　Ⅱ级

个别框架梁、柱节点连接处出现轻微变形或焊缝处出现细微裂缝；个别钢支撑出现轻微的拉伸变形和／或个别细长型支撑构件出现屈曲，螺栓支撑连接处出现轻微变形；部分非承重构件有轻微损坏，或个别有明显破坏，如部分填充墙内部或与框架交接处有明显裂缝，玻璃幕墙上个别玻璃碎落等，结构基本使用功能不受影响，稍加修理或不加修理可继续使用。

4.8.3　Ⅲ级

部分框架梁、柱构件节点连接处出现永久变形，个别焊接节点处出现贯穿焊缝的明显裂缝或个别螺栓节点连接处出现螺栓断裂或螺栓孔洞增大现象；部分钢支撑出现轻微拉伸变形和／或支撑发生屈曲，个别发生支撑屈曲；多数非承重构件有明显破坏，如多数填充墙有明显裂缝，个别出现严重裂缝等，玻璃幕墙支撑部分变形较大；结构基本使用功能受到一定影响，修理后可使用。

4.8.4　Ⅳ级

多数框架梁、柱构件及支撑破坏严重，导致结构产生了严重的永久变形，部分梁、柱构件翼缘屈曲、焊缝断裂、节点处出现明显的永久变形或节点严重破坏；多数支撑出现了屈曲或断裂现象；非承重构件破坏严重，如填充墙大面积破坏，部分外闪倒塌；或整体结构明显倾斜；结构基本使用功能受到严重影响，甚至部分功能丧失，难以修复或无修复价值。

4.8.5 Ⅴ级

多数框架梁、柱构件及支撑破坏严重，或部分关键梁、柱和支撑构件及节点破坏导致结构出现了危险的永久移位，结构濒临倒塌或已倒塌：结构使用功能不复存在，已无修复可能。

4.9 砖柱排架结构厂房

4.9.1 Ⅰ级

主要承重构件和支撑系统完好，屋盖系统完好，个别非承重构件轻微损坏，如围护墙有细微裂缝，个别屋面瓦松动或滑落等，结构使用功能正常，不加修理可继续使用。

4.9.2 Ⅱ级

柱无破坏或个别有细微裂缝，部分屋面连接部位松动；部分非承重构件有轻微损坏，或个别有明显破坏，如围护墙有轻微裂缝，山墙上部有轻微裂缝等；结构基本使用功能不受影响，稍加修理或不加修理可继续使用。

4.9.3 Ⅲ级

多数柱有轻微裂缝，部分柱有明显裂缝；部分屋面板错动，屋架倾斜，屋面支撑系统变形明显，或个屋面板塌落；多数非承重构件有明显破坏，如围护墙有严重裂缝，山墙尖部向内或外倾或局部坠落等；结构基本使用功能受到一定影响，修理后可使用。

4.9.4 Ⅳ级

多数砖柱有严重裂缝，部分砖柱有酥碎、错动的破坏；屋盖局部塌落；非承重构件破坏严重，如围护或山墙大面积倒塌等；或整体结构明显倾斜；结构基本使用功能受到严重影响，甚至部分功能丧失，难以修复或无修复价值。

4.9.5 Ⅴ级

多数柱根部压碎并倾斜或倒塌；屋面大面积塌落或全部塌落；整个建筑濒于倒塌或已全部倒塌；结构使用功能不复存在，已无修复可能。

4.10 钢、钢筋混凝土柱排架结构厂房

4.10.1 Ⅰ级

主要承重构件和支撑系统完好，屋盖系统完好，或个别大型屋面板松动；个别非承重构件轻微损坏，如个别围护墙有细微裂缝等；结构使用功能正常，不加修理可继续使用。

4.10.2 Ⅱ级

柱完好或个别柱出现细微裂缝；部分屋面连接部位松动，个别天窗架有轻微损坏；部分非承重构件有轻微损坏，或个别有明显破坏，如山墙和围护墙有裂缝等；结构基本使用功能不受影响，稍加修理或不加修理可继续使用。

4.10.3 Ⅲ级

多数柱有轻微裂缝，部分柱有明显裂缝，柱间支撑弯曲；部分屋面板错动，屋架倾斜，屋面支撑系统变形明显，或个别屋面板塌落；多数非承重构件有明显破坏，如多数围护墙有明显裂缝，个别出现严重裂缝等；结构基本使用功能受到一定影响，修理后可使用。

4.10.4 Ⅳ级

多数钢筋混凝土柱破坏处表层脱落，内层有明显裂缝或扭曲，钢筋外露、弯曲，个别柱破坏处混凝土酥碎，钢筋严重弯曲，产生较大变位或已折断；钢柱翼缘扭曲，变位较大；屋盖局部塌落；非承重构件破坏严重，如山墙和围护墙大面积倒塌等；或整体结构明显倾斜；结构基本使用功能受到严重影响，甚至部分功能丧失，难以修复或无修复价值。

4.10.5 Ⅴ级

多数钢筋混凝土柱破坏处混凝土酥碎，钢筋严重弯曲；钢柱严重扭曲，产生较大变位或已折断；

屋面大部分塌落或全部塌落，山墙和围护墙倒塌；整体结构濒临倒塌或已倒塌；结构使用功能不复存在，已无修复可能。

4.11 排架结构空旷房屋

4.11.1 Ⅰ级

承重墙和排架柱完好；屋面系统完好；个别非承重构件轻微损坏，如大厅与前、后厅个别连接处出现轻微裂缝等；结构使用功能正常，不加修理可继续使用。

4.11.2 Ⅱ级

承重墙和排架柱基本完好或个别出现轻微裂缝；部分屋面连接部位松动；部分非承重构件有轻微损坏，或个别有明显破坏，如大厅与前、后厅个别连接处出现轻微裂缝；结构基本使用功能不受影响，稍加修理或不加修理可断续使用。

4.11.3 Ⅲ级

多数承重墙、柱有轻微裂缝，部分出现明显裂缝；部分屋面板错动，屋架倾斜，屋面支撑系统变形明显，或个别屋面板塌落，多数非承重构件有明显破坏，如大厅与前、后厅连接处墙出现明显裂缝，纵墙出现轻微水平裂缝，山尖墙局部开裂，舞台口承重悬墙出现严重裂缝等，结构基本使用功能受到一定影响，修理后可使用。

4.11.4 Ⅳ级

多数承重墙、柱有明显裂缝，部分有严重裂缝；屋盖局部塌落；非承重构件破坏严重，如纵墙出现明显的水平裂缝，山墙局部倒塌等；或整体结构明显倾斜；结构基本使用功能受到严重影响，甚至部分功能丧失，难以修复或无修复价值。

4.11.5 Ⅴ级

承重墙破坏、散落，柱破坏严重，丧失抗震能力；纵墙外闪倒塌，山墙倒塌；整体结构濒临倒塌或已倒塌；结构使用功能不复存在，已无修复可能。

4.12 木结构房屋

4.12.1 Ⅰ级

木架基本完好；个别非承重构件轻微损坏，如内间壁墙或出屋顶小烟囱有轻微损坏，屋面溜瓦等；结构使用功能正常 ，不加修理可继续使用。

4.12.2 Ⅱ级

木架基本完好；部分非承重构件有轻微损坏，或个别有明显破坏，如山墙开裂，屋面瓦滑动等；结构基本使用功能不受影响，稍加修理或不加修理可继续使用。

4.12.3 Ⅲ级

木架轻微损坏或轻度歪斜；部分非承重构件有明显破坏，如山墙严重裂缝，山尖局部倒榻，屋脊装饰物震落，部分屋面瓦滑落等；结构基本使用功能受到一定影响，修理后可使用。

4.12.4 Ⅳ级

木架出现严重变形或歪斜；多数非承重构件有明显破坏，如山墙及后墙严重倒榻；端跨局部塌落等 ；或整体结构明显倾斜；结构基本使用功能受到严重影响，甚至部分功能丧失，难以修复或无修复价值。

4.12.5 Ⅴ级

木柱榫头拔出，房屋严重倾斜或倾倒；结构已濒临倒塌或全部倒塌；结构使用功能不复存在，已无修复可能。

4.13 土、石结构房屋

4.13.1 Ⅰ级

主要承重墙基本完好；屋面或拱顶完好；个别非承重构件轻微损坏，如个别门、窗口有细微裂缝，屋面溜瓦等；结构使用功能正常，不加修理可继续使用。

4.13.2 Ⅱ级

承重墙无破坏或个别有轻微裂缝；屋盖和拱顶基本完好；部分非承重构件有轻微损坏，或个别有明显破坏，如部分非承重墙有轻微裂缝，个别有明显裂缝，山墙轻微外闪，屋面瓦滑动等；结构基本使用功能不受影响，稍加修理或不加修理可继续使用。

4.13.3 Ⅲ级

多数承重墙出现轻微裂缝，部分墙体有明显裂缝，个别墙体有严重裂缝，窑洞拱体多处开裂；个别屋盖和拱顶有明显裂缝；部分非承重构件有明显破坏，如墙体抹面多处脱落，部分屋面瓦滑落等；结构基本使用功能受到一定影响，修理后可使用。

4.13.4 Ⅳ级

多数承重墙有明显裂缝，部分有严重破坏，如墙体错动、破碎、内或外倾斜或局部倒塌；屋面或拱顶隆起或塌陷；局部倒塌；或整体结构明显倾斜；结构基本使用功能受到严重影响，甚至部分功能丧失，难以修复或无修复价值。

4.13.5 Ⅴ级

多数墙体严重断裂或倒塌，屋盖或拱顶严重破坏和塌落；结构已濒临倒塌或全部倒塌；结构使用功能不复存在，已无修复可能。

5 常用构筑物破坏等级划分的宏观描述

5.1 烟囱

5.1.1 Ⅰ级

烟囱完好；结构使用功能正常，不加修理可继续使用。

5.1.2 Ⅱ级

烟囱出现细微裂缝；结构基本使用功能不受影响，稍加修理或不加修理可继续使用。

5.1.3 Ⅲ级

烟囱出现多处轻微裂缝，个别有明显裂缝，或轻微错位，或局部酥裂鼓肚；结构基本使用功能受到一定影响，修理后可使用。

5.1.4 Ⅳ级

烟囱筒身有较严重的开裂、错位或酥裂鼓肚等破坏；或顶部虽掉头而余下部分却无明显裂缝和其他破坏；结构基本使用功能受到严重影响，甚至部分功能丧失，难以修复或无修复价值。

5.1.5 Ⅴ级

顶部掉头，筒身折断，或倒塌；结构使用功能不复存在，已无修复可能。

5.2 水塔

5.2.1 Ⅰ级

水塔完好，结构使用功能正常，不加修理可继续使用。

5.2.2 Ⅱ级

筒式水塔在门、窗角处出现轻微裂缝；支架式水塔的支架结构有细微裂缝或变形；结构基本使用功能不受影响，稍加修理或不加修理后可继续使用。

5.2.3 Ⅲ级

筒式水塔的筒身出现水平、斜裂缝，门、窗角处有明显裂缝，无明显错位发生；支架式水塔的支架结构出现明显裂缝或变形；结构基本使用功能受到一定影响，修理后可使用。

5.2.4 Ⅳ级

筒式水塔的筒身出现多道严重环向裂缝和斜裂缝，环缝间砌体错位，或筒身局部倒塌；支架式水塔的支架结构发生较大变形或屈曲，或水柜保温层脱落；结构基本使用功能受到严重影响，甚至部分功能丧失，难以修复或无修复价值。

5.2.5 Ⅴ级

支架或支筒倒塌，水柜落地；结构使用功能不复存在，已无修复可能。

参 考 文 献

[1] GB/T 18208.3—2000 地震现场工作 第3部分：调查规范

[2] 李树桢．地震灾害评估 中国地震灾害损失预测研究专辑（三）．地震出版社，1996

[3] 尹之潜．地震灾害及损失预测方法 中国地震灾害损失预测研究专辑（四）．地震出版社，1996

[4] FEMA 356, Prestandard and Commentary for the Sesmic Rehabilitation of Buildings. Emeral Emergency Management Agency, Wasbington, D, C. , 2000

[5] Risk Management Solutions, lnc. Development of a Standardized Earthquake Loss Estimation Methodology, Volume II. Prepared for: National Institute of Building Sciences, September 7, 1994

中 华 人 民 共 和 国
国 家 标 准
建（构）筑物地震破坏等级划分
GB/T 24335—2009
*
中国标准出版社出版发行
北京复兴门外三里河北街16号
邮政编码：100045
网址 www.spc.net.cn
电话：68523694 68517548
中国标准出版社秦皇岛刷厂印刷
各地新华书店经销
*
开本 880×1230 1/16 印张1 字数20千字
2009年11月第一版 2009年11月第一次印刷
*
书号：155066·1-38975 定价18.00元